U0213708

宇宙起源的新故事

[美] 亚历克斯·维连金 / 著

骆相宜 陈昊远 / 译

中信出版集团 | 北京

图书在版编目（CIP）数据

多元宇宙是什么 /（美）亚历克斯·维连金著；骆相宜，陈昊远译. -- 北京：中信出版社，2021.1

书名原文：Many Worlds in One: the search for other universes

ISBN 978-7-5217-2423-3

I. ①多… II. ①亚… ②骆… ③陈… III. ①宇宙学－研究 IV. ①P159

中国版本图书馆CIP数据核字（2020）第215045号

多元宇宙是什么

著　　者：［美］亚历克斯·维连金
译　　者：骆相宜　陈昊远
出版发行：中信出版集团股份有限公司
（北京市朝阳区惠新东街甲4号富盛大厦2座　邮编　100029）
承 印 者：中国电影出版社印刷厂

开　　本：880mm × 1230mm　1/32　　印　　张：8.5　　字　　数：160千字
版　　次：2021年1月第1版　　印　　次：2021年1月第1次印刷
京权图字：01–2020–6563
书　　号：ISBN 978-7-5217-2423-3
定　　价：52.00元

献给阿林娜

目录

前言

这本书的巨大成功出乎所有人的意料。作者亚历克斯·维连金本是一名安静的，甚至可以称得上严肃的物理学教授，现在却已然一举成名。他的脱口秀节目提前 6 个月被预订，他雇用了 4 名保镖，甚至为了躲避狗仔队而搬去一个隐秘的住所。在这本引起轰动的畅销书《多元宇宙是什么》中，作者描述了一种全新的宇宙理论，即任何事件的任何一种可能的发展方向，无论多么奇怪或者不可思议，总是会在宇宙中的某一个地方发生，而且不止一次，而是无数次地发生。

这一全新理论引发的后果令人难以置信。如果你最爱的足球队没有赢得比赛，无须失望，因为它会在无数的世界里赢得胜利。更有甚者，还存在无数个世界，在其中，你的球队每一年都会赢得比赛！即使你对足球之外的现状也不满意乃至于受够了周围的一切，你也同样能从维连金的书中有所收获。根据他的全新理论，宇宙中绝大部分地方都和我们的地球全然不同，甚至主宰那些世界的物理规律都和我们这个世界的不一样。

这本书最具争议的地方在于，根据作者的理论，在整个宇宙中有数不清的地球，而我们每一个人都有无数相同的克隆体各自生活在上面。很多人被这个问题深深困扰，甚至彻夜难眠，因为他们觉得自己

的唯一性被剥夺了。由于这个原因，精神分析人员的工作量增加了一倍，本书的销量也随之猛增。当然，同样根据作者的理论，他的书在某些世界中会取得巨大的成功，而在另一些世界中会彻底失败。

* * *

我们生活在一场剧烈爆炸的余波之中。这个令人震惊的事件发生在大约140亿年前，而现在它被轻描淡写地称为“大爆炸”。在大爆炸中，整个空间爆发成一个充满物质和辐射的迅速膨胀的炽热火球。随着膨胀进行，火球逐渐冷却，光芒也逐渐减弱，宇宙慢慢地陷入了黑暗。这样平淡无奇地过去了10亿年，星系在引力的作用下逐渐形成，宇宙也逐渐被不计其数的恒星照亮，恒星周围开始有行星环绕，某些行星开始成为智慧生物的家园，而其中的某些智慧生物成为宇宙学家，并且发现宇宙起源于一次大爆炸。

相比于历史学家和侦探，宇宙学家最大的优势是他们真的可以看到过去。来自遥远星系的光需要经过数十甚至上百亿年才能到达我们安放在地球上的望远镜，因此我们观测到的实际上是数十甚至上百亿年前刚刚发出这些光的年轻星系。微波探测器能捕捉到大火球爆炸后的微弱余晖，并由此得到了一幅早期宇宙的图像，它能反映星系形成之前的宇宙图景。因此，我们可以说，宇宙的历史毫无保留地展现在我们眼前。

这种奇妙的设想当然也有其局限性。尽管我们可以追溯到宇宙大爆炸后不到一秒的时间之内的历史，但大爆炸本身仍然笼罩在迷雾之中。是什么触发了这个神秘的事件？它是宇宙真正的起源吗？如果不是，那么在此之前发生了什么？此外，根据宇宙基本原理，我们在太空中能看见的距离也是被限制的：我们视界的边界就是自大爆炸以来光走过的最远距离。视界之外的事物无法被观察到，原因很简单：它们所发出的光无法到达地球。这让我们对视界之外的宇宙更加好奇。它们是和我们一样，还是存在巨大的差异呢？宇宙是无限延伸的，还是像地球一样有封闭的表面呢？

这些都是关于宇宙的最基本的问题。但是我们有希望得到答案吗？如果我声称视界之外的宇宙突然终结了，或者声称那里其实充满了水并且被具有高等智慧的金鱼所统治，谁又能证明我说错了呢？因此，宇宙学家主要关注的是宇宙中的可观测部分，而可观测宇宙之外的部分就留给哲学家和神学家来讨论吧。然而，如果我们对宇宙的认知只能被局限在视界之内，这也太令人失望了。我们可以发现新的星系，也可以像绘制世界地图一样绘制出整个可见宇宙的全景图，但是这样做的目的是什么呢？考虑到未来某天我们可能会开始星际殖民，那么绘制我们银河系的星图可能会有实际用途。但是我们不太可能去几十亿光年之外的星系殖民，至少在接下来的数十亿年间做不到。当然，宇宙学的魅力并不在于它的实际用途。人们对于宇宙的迷恋，本质上和听到古代创世神话的感受是一样的，这种迷恋源自对探索未知世界的渴望，我们想知道宇宙的起源是什么，它的命运将会怎样，它的总体设计是什么样，以及我们人类要怎样融入它们。

在面对宇宙的这些终极问题时，宇宙学家与侦探相比其实并没有什么优势，也只能依靠间接证据，即通过对可观测宇宙的测量结果来推断不可观测部分的时间和空间。这些限制使“排除合理怀疑”变得更加困难。近年来，随着宇宙学的大力发展，有理由相信，对于这些终极问题，我们已经有了答案。

源自宇宙学新发展的世界观令人震惊。用尼尔斯·玻尔的话说：

这太疯狂了，疯狂到可能是真的。一些看似相互矛盾的描述被出乎意料地组合在一起，比如说，宇宙既是有界的又是无边的，既是变化的又是静止的，是永恒的却又有个起点。该理论还预测，在宇宙中某些遥远的地方，有一些和地球一模一样的行星，那上面的大陆轮廓、地形地貌、居于其中的生物，甚至是人类都和地球上的完全一样，也许其中某些人手里就拿着这本《多元宇宙是什么》。本书讲述了一种全新的世界观以及它的起源，还有它那迷人又离奇且时而令人不安的本质。

第一部分

宇宙起源

第1章 大爆炸的起因及过程

对暴胀宇宙学而言，宇宙可以说是一块从天而降的馅饼。

——阿兰·古斯（Alan Guth）

1980年冬天的一个星期三下午，我在哈佛大学一个座无虚席的讲堂里，听到了多年来最引人入胜的报告，报告者是斯坦福大学年轻的物理学家阿兰·古斯，报告的主题是一个关于宇宙起源的新理论。我以前并没有见过古斯，但是听说过他从无名小卒崛起成为科学巨星的经历。就在一个月之前，他还是一个流浪的博士后——辗转于各个临时岗位之间的年轻的科研人员，希望能脱颖而出，并在某所大学找到一份终身教职。彼时古斯的处境令人沮丧：对于博士后这个年轻群体来说，32岁的他显得有点儿老了，而那些临时岗位也渐渐变少。但后来，他产生了一个巧妙的想法，这个想法改变了一切。

古斯是个身材矮小、充满活力的家伙，浑身上下散发着孩子般的热情，显然长期的博士后生涯并没能磨灭他的锐气。报告的一开始，他就明确表示无意推翻大爆炸理论，也没有这个必要，因为宇宙大爆炸的证据令人信服，理论也很完善。

大爆炸理论最有说服力的证据来自埃德温·哈勃在1929年发现的宇宙膨胀现象。哈勃发现遥远的星系正在快速地离我们远去。而如果我们回溯这些星系的运动轨迹，会发现它们交会于过去的某一时刻，这说明宇宙有一个爆炸性的开端。

支持大爆炸理论的另一项重要证据是宇宙微波背景辐射。太空中充满了微波辐射，其频率与微波炉中所使用的微波频率差不多。随着宇宙的膨胀，辐射强度逐渐减弱，最终形成了今天我们所观测到的宇宙微波背景，这就是大爆炸伊始的那个炽烈的原初火球的微弱余晖。

宇宙学家使用大爆炸理论来研究宇宙是如何膨胀并冷却的、原子核是怎样形成的，以及平凡无奇的气体云是怎样形成巨大的旋涡星系的。这些理论研究的结果与天文观测一致，因此毫无疑问，理论方向是正确的。然而，它所描述的只是宇宙大爆炸的后果，对于大爆炸本身只字未提。用古斯的话来说，宇宙大爆炸理论并没有解释“什么爆炸了、它是怎么爆炸的，以及它为什么会爆炸”。[1]

更令人费解的是，仔细观察后，我们发现，宇宙大爆炸似乎是一次非常奇特的爆炸。从某种意义上说，它就像是一根立在针尖上的针：向任何方向轻轻推一下，它就会倒下去。大爆炸也是如此，只有当原初爆炸的能量取一个难以置信地精准的值时，才会产生我们现在所看到的散布着无数星系的巨大宇宙。而这个能量发生任何一点点微小的偏离，都会导致一场宇宙级的灾难，比如宇宙可能会在自身引力作用下坍塌成一个火球，或者可能变得几乎空无一物。

大爆炸宇宙学并没有解释这一切发生的原因，只是假设原初火球满足所需的条件。主流物理学界认为，物理学可以描述宇宙是如何从给定的初始条件开始演化的，但要解释为什么会从这个特定的条件开始，这就超出了物理学的范畴。关于初始条件的疑问被看作“哲学”方面的内容，用物理学家的语言翻译一下，就是浪费时间。然而，这种态度并没有削弱大爆炸的神秘性。

现在，古斯告诉我们，大爆炸的神秘面纱将被揭开，他的新理论将揭示这场爆炸的本质，并解释为什么初始火球的参数如此精准。整个讲堂突然鸦雀无声，大家都被吸引住了。

这个新理论对大爆炸的解释非常简单：互斥的“引力”造就了我们的宇宙！这一理论的核心在于，它假设存在一种性质极其反常的超致密物质，其最重要的特点是能产生强烈的相互排斥的“引力”。古斯认为，在早期宇宙中存在一定数量的这种物质，不需要太多，一小块就足够了（见图1.1）。

图1.1 一块拥有斥引力的物质

内在的斥引力会使得这一小块物质开始快速膨胀。如果它是由普通物质组成的，其密度应当随着膨胀而减小，但这种反引力的物质的行为完全不同，这也是它的第二个关键特征：它的密度永远不会改变，所以质量将正比于它所占据的体积。因此，随着这一小块物质体积的增长，它的质量也随之增长，导致其斥引力增强，膨胀速度也变得更快。古斯称这种加速膨胀为暴胀，短时间的暴胀就可以使得小小的物质块膨胀到巨大的尺寸，甚至远大于我们现在所能观测到的宇宙。

物质质量在暴胀期间的急剧增长看起来似乎违反了一条最基本的自然定律：能量守恒定律。根据爱因斯坦著名的质能关系$E = mc^2$，能量正比于质量（其中，E表示能量，m表示质量，c表示光速），因此，这个暴胀的物质块的能量一定也增长了很多倍。而依据能量守恒定律，能量应该保持不变。但是，如果考虑到引力势能，这一悖论就将迎刃而解。众所周知，引力势能总是负值，通常人们并不重视这一点，但现在它关乎整个宇宙的生死存亡。随着物质块的膨胀，不断增长的正能量与同样不断增长的负的引力势能相互抵消，使得总能量保持不变，一如能量守恒定律的描述。

为了不让暴胀无止境地进行下去，古斯还要求这种斥引力是不稳定的。随着它的衰变，能量被释放，产生一团灼热的、由基本粒子构成的火球。火球在惯性作用下继续膨胀，但是现在它由普通物质组成，其引力变成相互吸引的，继而导致宇宙的膨胀速度逐渐减缓。在这一理论中，反引力物质的衰变标志着暴胀的结束，同时也扮演了大爆炸的角色。

这个想法的精妙之处在于，它只用一次暴胀就解释了许多问题，比如为什么宇宙如此巨大、为什么它在膨胀，以及为什么它在一开始如此炽热。只要有一块微小的具有斥引力的物质，就可以生成如今这样一个巨大的且仍在膨胀的宇宙。古斯承认，他不知道最初的物质块来自何处，但我们也不能因此否认这一理论上的巨大进步。“常言道，世上没有免费的午餐，”古斯说，“但宇宙似乎真的是一顿完全免费的午餐。”

当然，所有这些理论都基于具有斥引力的物质确实存在这一假设。科幻小说中从不缺乏这样的想象，它被应用于各种飞行器，从星际飞船到反重力鞋。但是，专业的物理学家们真的会认真考虑斥引力存在的可能性吗？

他们当然会。而且第一个这样做的不是别人，正是阿尔伯特·爱因斯坦。

第2章 斥引力理论的兴衰

“我们已经克服了引力！”教授喊道，然后摔在了地上。

——J. 威廉斯和R. 阿布拉什金

《丹尼·邓恩与反重力油漆》

时空结构

爱因斯坦创造了两个无比优美的理论，永久地改变了我们对时间、空间和引力的认知。第一个被称作狭义相对论，发表于1905年，当时爱因斯坦26岁，以大多数标准而言基本上可以算是个失败者。他特立独行，经常旷课，并不受其母校苏黎世联邦理工学院的教授们青睐。毕业找工作时，爱因斯坦所有的同学都被母校聘为助理，而他却没能获得任何学术界的职位。幸运的是，在老同学的帮助下，爱因斯坦谋得了伯尔尼专利局职员的职位。从积极的一面来看，专利局的工作并非毫无趣味，而且给了他充足的闲暇来进行研究以及其他智力追求。许多个晚上，他与朋友们一起抽着烟斗，读着斯宾诺莎和柏拉图的著作，探讨他关于物理学的见解。他还和一名律师、一名装订工、一名老师和一名狱卒组成了一支奇怪的乐队，表演弦乐五重奏。他们当中没有人意识到，这位第二小提琴手有一些关于时间和空间本质的惊人想法。

经过不到6周的疯狂工作，爱因斯坦就建立了狭义相对论。这一理论表明，单独的空间距离和时间间隔并没有绝对意义，它们取决于测量它们的观察者的运动状态。如果两个观测者之间存在相对运动，他们都会发现对方的钟表比自己的慢。“同时”这一概念也是相对的，在一个观测者看来同时发生的两件事，在另一个观测者看来可能发生在两个完全不同的时间点。我们之所以在日常生活中无法察觉这种效应，是因为在日常物体的速度下这种效应小得可以完全忽略。但如果两个观测者之间的相对速度接近光速，他们的观测结果之间的差异将非常巨大。然而，对于所有的观测者来说，有一件事可以达成共识：光总以相同的速度行进，大约每秒30万千米。

光速是宇宙中绝对的速度上限。如果你对一个物体施加一个力，这个物体便会加速运动。如果力持续作用于这一物体，它就会不断加速直至接近光速。爱因斯坦指出，当它越接近光速，让它加速所耗费的能量就会越多，故而物体永远无法达到光速。

狭义相对论中最著名的结论大概就是质量和能量的等价关系了，即爱因斯坦质能方程$E = mc^2$。如果你加热一个物体，使它的热能增加，它就会变重。你可能会想，站上体重秤之前最好先冲个冷水澡，不过这个小伎俩大概只能帮你减轻不到一亿分之一斤。在诸如米和秒这样的常规单位下，c^2这个能量和质量之间的转换系数非常大，因此改变宏观物体质量所需的能量也将非常巨大。物理学家们经常使用另一套单位，其中，$c = 1$，所以能量就直接等于质量，并且可以用千克来衡量。[①]本书将遵循这一传统，对能量和质量不做区分。

“狭义相对论”中的“狭义”一词，指的是这一理论仅在某些可以忽略引力影响的特殊情境下成立。而在爱因斯坦的第二个理论，即

① 再比如，用年来衡量时间，而用光年衡量距离（一光年就是光在一年中走过的距离），此时光速就等于1。（如无说明，本书页下注均为作者注。）

广义相对论中，这一限制不复存在，因为广义相对论本质上就是一个关于引力的理论。

* * *

广义相对论源于一个简单的现象，即在所有非引力的作用力都可以忽略不计的情况下，物体在引力作用下的运动就与其质量、形状或者任何其他性状无关。最早意识到这一点的是伽利略，他在著名的《对话》一书中为这一观点进行了有力的辩护。当时人们普遍接受的是亚里士多德的观点，即物体越重，下落得越快。事实上，一个西瓜的确比一片羽毛下落得更快，但伽利略发现那不过是空气阻力的差异造成的。传说伽利略在比萨斜塔上同时投下了两块不同重量的石头，发现它们同时落地。而实际上我们知道伽利略真实做过的实验是让许多弹珠从斜面上滚落，最终发现它们的运动与重量无关。伽利略还从理论上论证了亚里士多德的错误，他指出，假如重的石头比轻的石头下落得更快，那么如果我们用一根质量可以忽略不计的绳子将两者连起来，会发生什么呢？一方面，下落得比较慢的轻石头会拽住重石头，使重石头的下落速度变慢；而另一方面，如果将两个石头视为一个整体，那么它们就组成了一个比最初的重石头还要重的石头，这样它的下落速度会变得更快。这一矛盾就指出了亚里士多德理论的不一致之处。

爱因斯坦仔细地思考了这种与运动物体完全无关的奇特运动。他由此联想到了惯性运动：没有外力作用时，物体都将沿直线匀速运动，不管这个物体本身的性质如何。实际上，物体在时间和空间中的运动，是时间和空间的固有属性。

在这里，爱因斯坦应用了他曾经的数学教授赫尔曼·闵可夫斯基的想法。在学生时代，爱因斯坦对于闵可夫斯基讲授的课程并不怎么用心，而在闵可夫斯基的印象里，爱因斯坦则是“一条懒狗”，闵可夫斯基从未期待爱因斯坦能做出什么有价值的事情。但在阅读了爱因斯坦于1905年发表的论文之后，闵可夫斯基迅速改变了他的看法。

闵可夫斯基意识到，如果将时间和空间视为一个整体，即所谓的“时空”，而不是分开来对待，狭义相对论的数学表达将会更加简洁而优雅。时空中的一个点代表一个“事件”，它由四个参数所确定，其中三个描述它的空间位置，一个描述它的时间。因此，时空有四个维度。如果将整个时空摆在你的面前，那么你就可以知道宇宙所有的过去、现在和未来。每个粒子的历程都表现为时空中的一条线，它给出了这个粒子每一时刻的位置。这条线被称作这个粒子的“世界线”。大爆炸理论的奠基者之一乔治·伽莫夫就给他的自传命名为《我的世界线》。

在不受引力影响的前提下，粒子的均匀运动将在时空中表现为一条直线。但是引力使得粒子偏离了这种最简单的运动轨迹，所以它的世界线将不再是一条直线。这引领着爱因斯坦提出了令人震惊的假说：虽然在引力影响下粒子的世界线弯曲了，但是其路径或许仍然是时空中最直的，只是这个处于大质量物体周围的时空本身被弯曲了。也就是说，引力，就是时空的曲率！

由大质量物体导致的时空的几何形变也可以这样解释。假设有一张水平放置的绷紧的橡皮薄膜，上面放着一块重物（见图2.1）。在重物附近的橡皮膜会弯曲，就像大质量物体周边的时空弯曲一样。如果你想在这张橡皮膜上打台球，你会发现台球在曲面上发生了偏转，尤其是当它从大质量物体一旁经过的时候。当然，这个比喻并不完美，它只解释了空间的扭曲，没能解释时间的扭曲，但至少它抓住了这一理论的核心思想。

图2.1 大质量物体引起空间弯曲

为了把这种想法用数学语言表述出来，爱因斯坦耗费了三年多的时间，付出了相当艰苦的努力。这一被称为广义相对论的新理论的方程（见图2.2），将时空的几何结构和宇宙中的物质含量联系了起来。在低速运动和引力场较弱的情况下，这一理论可以近似为牛顿万有引力定律，即引力大小与距离的平方成反比。广义相对论对这一定律做了小小的修正，这一修正对大多数行星来说都小得可以忽略不计，但距离太阳最近的水星除外。这个小小的修正会造成水星轨道的缓慢进动。天文学家的确观测到了这一微小的进动，牛顿的理论无法解释这一现象，但爱因斯坦的理论计算却与观测结果完美吻合。在那个时候，爱因斯坦终于确信自己的理论是正确的了。“好几天我都完全无法压抑自己的喜悦。”爱因斯坦在给他的朋友保罗·埃伦费斯特的信中写道。[1]

广义相对论最值得称道的一点也许就是它几乎不需要什么事实基础。这一理论的基石是引力场中的物体运动与质量无关，而这一点早就由伽利略证明了。仅仅依靠这一事实，爱因斯坦就创造出一个理论，可以在恰当的近似条件下推导出牛顿定律，还弥补了牛顿定律的瑕疵。如果你仔细想一想，会觉得牛顿提出的定律似乎有一些随意，

图2.2　爱因斯坦场方程，即广义相对论中用以定量描述引力、时空和物质的统一性的方程

它说引力的大小反比于距离的平方，但没有解释原因，它也可以是四次方，或者2.03次方。相反，爱因斯坦的理论并没有留下讨价还价的余地，引力是时空曲率这一设想必然会导出爱因斯坦场方程，而这些方程又导出了万有引力的平方反比定律。从这个角度来说，广义相对论不仅描述了引力，还解释了引力。它的逻辑是如此扣人心弦，它的数学结构是如此美丽动人，以至于爱因斯坦觉得它注定是正确的。在一封写给年长的同事阿诺德·索末菲（Arnold Sommerfeld）的信中，爱因斯坦如是写道："你读到广义相对论之日，就是你被它折服之时。因此，我不会用哪怕一个字为它辩护。"[2]

虚空中的引力

广义相对论刚一完成，爱因斯坦马上就把他的理论用在了整个宇宙上。他并不好奇琐碎的细节，比如恒星和它的行星的位置。他更想做的是找到他提出的方程的解，勾勒出宇宙整体的结构。

在当时，人们对宇宙中物质的分布所知甚少，所以爱因斯坦必须做出一些猜测。他引入了一条最简单的假设，即平均而言，物质在宇宙中均匀分布。当然，在较小的尺度上宇宙并不是均匀的，例如恒星中物质的密度就比其他地方要高一些。爱因斯坦假设的是如果宇宙中的物质在较大的尺度上的分布是均匀的，那么宇宙可以近似描述为完全同质的。这一假说暗示我们在宇宙中所处的位置并不特殊，宇宙中的每个角落都或多或少地相似。爱因斯坦也假设宇宙是各向同性的，即无论从哪个位置来看，宇宙中的各个方向看起来都差不多。

最后，爱因斯坦假设宇宙的均一性并不随着时间而改变。换句话说，宇宙是静态的。虽然能够支撑这一假设的观测数据很少，但一个永恒的、从不改变的宇宙看起来似乎是令人信服的。

确定了自己想要描述的是一个什么样的宇宙后，爱因斯坦就开始寻找方程的解来描述这样一个宇宙。然而，没过多久爱因斯坦就发现，他的理论不允许这样的解存在。原因非常简单：因为物质之间有引力，它们总是趋向于聚集在一起而不是均匀地分布在宇宙中。爱因斯坦对此感到非常困惑。努力了一年后，爱因斯坦决定修正广义相对论以使得静态宇宙的存在成为可能。

爱因斯坦意识到他可以在不违背物理法则的前提下在方程中加入额外的一项。这一项产生的效果是让真空拥有能量。每一立方厘米的空间都含有特定数量的能量（以及随之而来的质量）。爱因斯坦把这一描述真空密度的常数称为宇宙学常数。[①]根据爱因斯坦场方程进行的数学计算表明，真空的张力与其能量密度完全相等，因此它们可以

---

① 实际上，爱因斯坦没有为这个新名词提供任何物理解释。比利时物理学家乔治·勒梅特（Georges Lemaître）后来提出了有关真空能和张力的现代解释。

用同一个常数来决定。真空张力就像拉伸橡皮筋的张力。如果你松开手，橡皮筋就会收缩。张力与压力正相反，张力会使物体膨胀——就像气球在压缩空气的压力下膨胀一样。因此，张力是一种负的压力。

如果真空有能量和张力，为什么我们没能感受到它的影响呢？为什么我们看不到空间被它的张力所挤压呢？这是因为人们不容易注意到恒定不变的能量和张力。如果你增加气球内部的压力，它就会膨胀。但是如果你以同样的速率增加气球外的气压，那么就不会产生任何效果。同样，如果负压真空充满了整个宇宙，整体来看它不会带来任何影响。真空的能量是难以捉摸的，因为这种能量不可以被提取。你不能燃烧真空，你也不能用它来驱动汽车或吹风机。真空的能量是由宇宙学常数设定的，不能被降低。因此，真空的能量和张力是无法探测的——除了它们产生的引力效应。

真空的引力给人们带来了一个大惊喜。根据广义相对论，大质量天体的引力也受到压力和张力的影响。如果你压缩一个物体，它的引力就会增强，如果你拉伸它，引力就会减小。这种效应通常非常微弱，但如果你可以在不破坏物体的情况下持续地拉伸它，原则上你可以将它的引力降低到完全不存在，甚至使它自相排斥。这正是在真空中发生的情况。真空张力造成的斥力足以克服由其质量带来的吸引力，因此最终导致了引力互斥。

这正是爱因斯坦想要的。他现在可以调整宇宙学常数的数值，这样物质之间的吸引力就可以与真空的斥力相平衡，从而形成一个静止的宇宙。他从他的方程式中发现，当宇宙学常数是物质能量密度的一半时，就可以达到这种平衡。

方程式被修改后的一个显著结果是，静态宇宙的空间必须是弯曲的。这使得其是闭合的，就像球体的表面一样。在这样的闭合宇宙中，沿直线前进的宇宙飞船最终将回到起点。这样的封闭空间被称为三维球面。这样的宇宙尽管没有边界，但体积却是有限的。

爱因斯坦在1917年发表的一篇论文中描述了他的闭合宇宙模型。他承认自己没有观测数据证明非零的宇宙学常数存在。他引入这一常数只是为了创造一个静态的宇宙。十多年后，人们发现宇宙正在膨胀，他对自己曾经提出过这个想法感到十分懊悔，并称之为他一生中最大的错误。[3]在这次失败的首次亮相后，斥引力从主流物理学研究中消失了将近半个世纪，不过后来又重新进入了人们的视野。

第3章 创世及其缺陷

作为一个科学家，我就是不相信宇宙起源于一场爆炸。

——亚瑟·爱丁顿

弗里德曼的宇宙

在任何人眼中，20世纪20年代初寒冷而充斥着饥民的彼得格勒都不会是下一个宇宙学上的突破即将产生的地方。在经历了6年的战争和十月革命后，彼得格勒大学刚刚复课。一名年轻的、戴着眼镜的教授正在一间冰冷的教室里给一群穿着皮衣戴着皮帽的学生讲课。他的名字叫亚历山大·弗里德曼（Alexander Friedmann）。他在授课前总是精心准备，并强调数学上的严谨。他所教授的课程包括他的主要专业领域数学和气象学，还有他最近的爱好，也就是广义相对论。弗里德曼着迷于爱因斯坦的理论，并以一贯的热情投入了对这一理论的研究中。“我是个无知的人，”他过去常说，“我什么都不知道。我必须睡得更少，不让自己分心，因为所有这些所谓的‘生活’完全是在浪费时间。”[1]他似乎知道自己只剩下寥寥数年的生命了，却又还有那么多事情要完成。

在掌握了广义相对论中的数学原理后，弗里德曼开始专注于他眼中的核心问题：整个宇宙的结构。他从爱因斯坦的论文中得知，如果没有宇宙学常数，这个理论就不会有静态解。他想知道这个问题到底有什么解决办法。弗里德曼迈出了激进的一步，这使得他名垂青史。

循着爱因斯坦的方向，他假设宇宙是同质的、各向同性的和闭合的，具有三维球面的几何结构。但是他打破了静态模型，允许宇宙运动：球体的半径和物质的密度可以随时间而改变。在解除了宇宙必须保持静态的这一限制后，弗里德曼发现爱因斯坦的方程确实有一个解。它描述了一个球状宇宙，从一个点开始，膨胀到某个最大尺寸，然后又缩回到一个点。我们现在称最初的时刻为“大爆炸”，当时宇宙中所有的物质都聚集在一个点上，因此物质的密度是无限大的。随着宇宙的膨胀，密度逐渐减小，然后随着它的再次收缩而增大，在“大挤压”时再次变得无限大，此时宇宙又缩回到一个点。

大爆炸和大挤压分别标志着宇宙的开始和结束。在这两点，由于物质尺寸无限小，密度变得无限大，爱因斯坦场方程中出现的数学量没有确切定义，因此爱因斯坦的理论中所定义的时空无法描述这样的点之前的情形。这样的点被称为时空奇点。

一个二维的球面状宇宙可以被描绘成一个膨胀和收缩的气球（见图3.1）。气球表面的图案代表一个个星系，随着气球的膨胀，星系之间的距离也随之增加。因此，每个星系中的观测者都会看到其他星系不断远离自身。由于引力的作用，膨胀逐渐减慢，并最终停止，宇宙继而开始收缩。在收缩阶段，星系之间的距离将减小，所有的观测者将看到其他星系向他们靠拢。

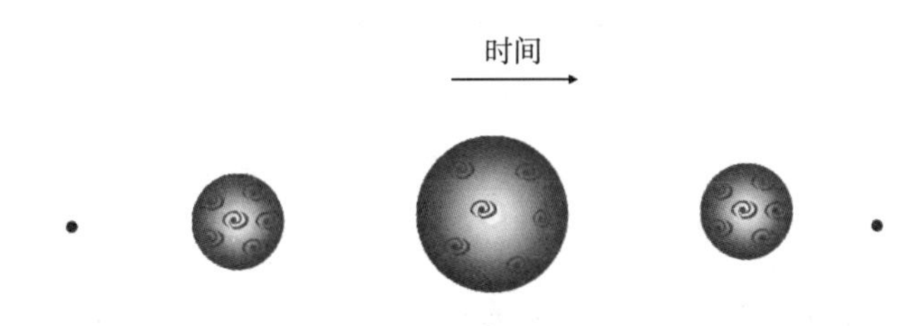

图3.1　膨胀的和收缩的球状宇宙

问宇宙将膨胀成什么样子是没有多大意义的。我们可以看到气球宇宙向周围的空间膨胀，但这对它内部的居民没有任何影响。他们被限制在气球的表面，因此不知道第三个径向维度的存在。同样，对于封闭宇宙中的观测者来说，三维球面空间就是宇宙中所有的空间，除此之外没有别的空间。

*　*　*

在发表这些结果后不久，弗里德曼发现了另一类具有不同几何意义的解。在某种意义上，这些解中的空间不会向自己弯曲，而是越弯离自己越远，最终形成一个无限的或者说开放的宇宙。这种类型的空间形状和马鞍（见图3.2）有些相似。

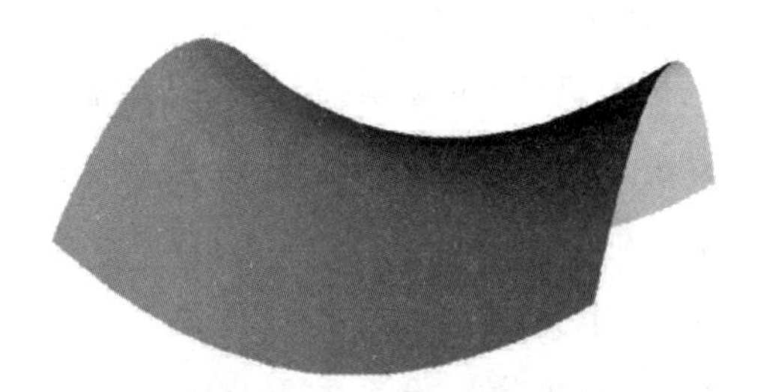

图3.2　开放宇宙的二维模型

弗里德曼发现，在开放宇宙中，任何星系之间的距离也会从奇点时的零距离开始增长。膨胀最初会减慢，但是在这种情况下，引力不足以扭转膨胀的趋势。在后期，星系会以一个接近恒定的速度互相远离。

在开放模型和闭合模型之间的界线上，存在一个平直的、符合欧几里得几何的宇宙。[2]尽管它可以无限膨胀，但随着时间的推移，膨胀的速度会越来越小。

弗里德曼的方案有一个显著的特点是，它在宇宙几何形状与其最终命运之间建立了联系。如果宇宙是闭合的，它一定会重新坍缩；如果宇宙是开放的或平直的，它将永远膨胀下去。① 弗里德曼并没有在他的论文中偏向任何一种模型。

不幸的是，弗里德曼没有活着看到他的工作成为现代宇宙学的基础。1925年，他因伤寒逝世，享年37岁。弗里德曼的论文虽然发表在德国一家顶级的物理学期刊上，但是几乎没有引起人们的注意。[3] 20世纪30年代，随着哈勃发现宇宙的膨胀，弗里德曼的论文被人们从故纸堆中重新发掘了出来。②

创世的时刻

不管弗里德曼得到的解怎么描述宇宙的未来，其中最意想不到的和最有趣的还是最初的奇点，也就是大爆炸的存在。在那里，广义相对论中的数学原理崩溃了。在奇点处，物质被压缩到密度无限大，因此相对论不能用于描述更早的时代。因此，从字面上理解，大爆炸应该被视为宇宙的开始。这就是创世的时刻吗？难道整个宇宙是在有限时间之前的一个奇点中诞生的吗？

对于大多数物理学家来说，这太难以接受了。宇宙这种奇异的快速启动看起来像是神的干预，他们认为这不应该在物理理论中存在。

① 宇宙几何结构和其命运之间的这种简单关系只在真空能量密度（又称宇宙学常数）为零时成立。更多相关内容详见第18章。

② 1927年，乔治·勒梅特也独立地重新提出了膨胀宇宙的模型。与弗里德曼一样，勒梅特的论文在哈勃的发现被公开前也完全无人问津。

但是，尽管“世界的开端”曾经（而且在很大程度上仍然）令大多数科学家感到不适，但接受它的存在也有一些好处。它有助于解决一些持续困扰静态宇宙模型的矛盾。

首先，永恒不变的宇宙似乎与热力学第二定律这一最普适的自然法则相冲突。这个定律称，物理系统会从有序的状态自发变化到混乱的状态。如果你把文件整齐地堆放在桌子上，当风突然吹进窗户，文件就会随机地散落在地板上。然而，你永远不会看到风从地板上吹起纸张，然后把它们整齐地堆在你的桌子上。理论上，这种混乱度的自发减少并非不可能，但是它发生的概率是如此之小，以至于从来没有发生过。

数学上，描述一个系统混乱程度的物理量被称为熵，而热力学第二定律认为孤立系统的熵只会增加。混乱会无休止地增长，直到混乱得不能更混乱了（此时熵达到最大值），这就是所谓的热平衡。在这种状态下，有序运动的所有能量都转化为热量，整个系统中的温度都是均匀的。

在19世纪中期，德国物理学家赫尔曼·冯·亥姆霍兹（Hermann von Helmholtz）首次将热力学第二定律应用到宇宙中。他认为整个宇宙可以被看作是一个孤立的系统（因为宇宙之外没有任何东西）。如果是这样的话，那么第二定律就适用于整个宇宙，因此，宇宙将不可避免地走向“热寂”，也就是热平衡态。在这种状态下，所有的恒星都会消亡，其温度与周围环境相同。除了分子的无序热运动外，所有的运动都会停止。

热力学第二定律带来的另一个结论是，如果宇宙永恒存在，那么它应该已经到达热平衡状态。由于我们没有发现自己处于最大熵的状态，因此得出的结论是宇宙不可能永远存在。[4]

亥姆霍兹没有着重强调这第二个结论，而是更关注“热寂”部分（这部分在19世纪末20世纪初成为许多末日题材小说的灵感来源）。但是其他物理学家，包括路德维希·玻尔兹曼[①]这样的学术巨擘，都很清楚这个问题。

玻尔兹曼从热力学第二定律的统计学本质中找到了出路。即使宇宙处于最大程度的混乱状态，混乱度自发减少的事情偶尔也会发生。这种现象被称为热涨落，它在几百个分子的微观尺度上是很常见的。但当尺度变得更大时，这种现象的发生概率就会变得越来越低。玻尔兹曼认为，我们所观测到的是一个无序宇宙中的巨大的热涨落。虽然这种涨落发生的可能性非常小，但是如果耐心等待，小概率的事情最终会发生。如果你等待无限长的时间，那么它们肯定会发生。生命和观测者只能存在于宇宙中有序的部分，这就解释了为什么我们会观察到这个难以置信的罕见事件。[5]

玻尔兹曼解决方案的问题在于，宇宙中有序的部分似乎过于庞大了。只要有一块太阳系大小的有序世界，生命和观察者就足以存在。这种情况发生的概率远远高于产生一块直径长达数百亿光年的热涨落，但后者却正是我们所观测到的宇宙。

玻尔兹曼的设想还有另一个历史更悠久的问题。如果假设宇宙是无限大的，且恒星或星系大体均匀地分布在无限的空间里，那么无论你朝天空的哪个方向看，你的视线最终都会碰到一颗星星。这样，天空的每一个角落都会闪耀着光辉。这给我们留下了一个简单的问题：为什么夜空是黑暗的？这一问题被称作奥伯斯佯谬。约翰内斯·开普勒在1610年首次发现了这个问题，他的结论是宇宙不可能是无限大的。

---

① 玻尔兹曼建立了熵与混乱度之间的联系，并阐明了热力学第二定律的意义。

如果宇宙的年龄是有限的，那么熵的问题和奥伯斯佯谬都自然地得到了解决。如果宇宙形成于有限的时间之前，最初处于一种高度有序（低熵）的状态，那么我们现在观察到宇宙正在从这种状态转变到混乱状态而尚未达到最混乱的状态，就不足为奇了。奥伯斯佯谬也得到了解决，因为在一个有限年龄的宇宙中，来自遥远星星的光没有充足的时间到达我们这里。我们只能观测视界半径内的恒星，这个半径等于光在等于宇宙年龄的时间中所能走过的距离。即使整个宇宙是无限大的，这一半径范围内的恒星数量仍然是有限的。

在这些争论的基础上，怎么会还有人相信我们所知道的宇宙已经永远存在了呢？这是因为宇宙开始于有限的时间之前这一想法同样引发了一些令人困惑的问题。如果宇宙是在有限的时间之前开始的，那么是什么决定了大爆炸的初始条件呢？为什么宇宙起始于均匀的各向同性状态？原则上，它可以从任何一个状态开始。我们应该把初始状态的选择归因于造物主吗？毫不令人惊讶的是，物理学家们最终花费了相当一段时间才接受大爆炸宇宙学，并且做了许多尝试来回避这些关于“初始”的问题。

接受必然

一些人最初认为，大爆炸奇点是弗里德曼为了解爱因斯坦场方程而引入的精确的同质性和各向同性假设所产生的非自然产物。在一个正在坍缩的宇宙中，如果所有的星系都径直向我们移动，那么毫无疑问它们都会在一场大挤压中撞在一起。但是如果星系的运动方向稍微偏离一些，人们认为它们可能会越过彼此，然后再次飞散开来，使宇宙再次膨胀，这样就可以避免奇点的存在。因此，人们希望建立一个振荡的宇宙模型，没有开端，只有膨胀和收缩的交替周期。

然而，事实证明，引力互相吸引的本质使这种情况变得不可能。英国物理学家罗杰·彭罗斯（Roger Penrose）和当时还是研究生的史蒂芬·霍金证明了一系列定理，结果表明，在非常一般的条件下，奇点是不可避免的。他们在证明中使用的主要假设包括：爱因斯坦的广义相对论是有效的，且物质在宇宙的任何地方都有正的能量密度和压力。（更确切地说，负压力不应该变得过大以至于使得引力互相排斥。）因此，只要我们停留在广义相对论的框架内，不假设奇异的斥引力物质，奇点问题就会持续困扰着我们，而初始条件的问题仍然没有得到解决。

1948年，在剑桥大学工作的英国天体物理学家弗雷德·霍伊尔与两名奥地利难民——赫尔曼·邦迪（Hermann Bondi）和托马斯·戈尔德（Thomas Gold）共同提出了稳恒态学说，这是回避宇宙起源问题的最著名的尝试。他们大胆地断言，宇宙的总体面貌始终没有改变，因此它在任何时间任何地点看起来几乎是一样的。这种观点似乎与宇宙膨胀有着明显的矛盾：如果星系之间的距离增加了，宇宙怎么能保持不变呢？为了补偿膨胀带来的影响，霍伊尔和他的朋友们假定物质可以从真空中不断产生。这种物质填充了远去的星系所留下的空隙，这样新的星系就可以在它们原来的位置上生成。剑桥的物理学家们承认，他们没有证据证明物质是自发生成的，但是由于他们的理论只需要非常低的生成速率，大概每世纪在每立方千米内形成几个原子就够了，因此也没有证据证明这样的凭空产生是不存在的。他们还辩解说，在他们看来，真空中凭空产生物质并不比宇宙在一场大爆炸中同时创造所有物质更令人反感。事实上，“大爆炸”这个术语就是霍伊尔在BBC（英国广播公司）一档广播谈话节目中嘲笑对手的这种理论时创造的。

然而，没过多久，稳恒态学说就遇到了严重的问题。我们观测到的最遥远的星系是它们上百亿年前的样子，因为它们的光到达我们所在的地方需要时间。如果稳恒态理论是正确的，即那时的宇宙和现在的宇宙是一样的，那么这些遥远的星系看起来应该和我们现在看到的邻近星系差不多。然而，随着数据的增加，我们越来越清楚地看到，遥远的星系实际上是完全不同的，并且有明显的迹象证明它们尚处于年轻阶段。它们体积较小，形状不规则，并且含有非常明亮但是寿命很短的恒星。它们中的许多都是强大的射电辐射源，而这种特征在离我们较近的年龄更老的星系中要少见得多。[6]稳恒态学说似乎没有办法来解释这些观测结果。

就像夏洛克·福尔摩斯常说的那样，“当你排除了所有不可能的情况，剩下的，无论多么不可思议，都一定是真相”。[7]稳恒态学说的前景变得越来越暗淡，而且由于看不到其他可行的选择，人们的态度开始转变。物理学家们逐渐接受了宇宙从一场大爆炸开始演化的图景。

第4章 现代式创世记

元素被灼烧的时间比煮一盘土豆烧鸭的时间还要短。

——乔治·伽莫夫

穿过铁幕

关于原初火球的研究始于乔治·伽莫夫。他是一名才华横溢的物理学家，出生于俄国，他将在本书接下来的部分不止一次地出现。物理学家莱昂·罗森菲尔德（Léon Rosenfeld）如此描述他："高壮的斯拉夫人，有着金色的头发，德语流利而优雅；事实上，他在许多方面都很优雅，尤其是在物理学方面"[1]。1923年到1924年，伽莫夫曾在彼得格勒读研究生，他选修了弗里德曼教授的广义相对论课程，并因此接触到了关于宇宙膨胀的第一手思想。他本想在弗里德曼的门下进行宇宙学研究，但这一计划因弗里德曼突然去世而未能实施。伽莫夫最后写了一篇关于钟摆动力学的博士论文。而他本人认为这个课题"极其枯燥"。[2]

1928年，伽莫夫曾经的教授奥列斯特·赫沃尔松（Orest Khvolson）帮助他获得了一笔津贴，让他有机会在德国的哥廷根大学度过一个夏天。那时正是量子力学快速发展的时期，而哥廷根正是量子力学领域的主要研究中心之一。物理学家们试图抓住这个新理论的精髓，并为其迅速发展做出贡献。物理学家们白天在会议室里开始讨论，到了晚上会转移到街上和咖啡馆里继续进行热烈的讨论。不被这种狂热的研究氛围感染是很难的。伽莫夫决定使用量子力学来研究原子核的结构，并很快在这一领域留下了自己的印迹。他尝试用所谓的量子隧穿效应（即量子粒子可以穿透障碍）来解释原子核的放射性衰变，而他的理论预测与实验数据几乎完全吻合。

夏天结束之后，伽莫夫踏上了返回彼得格勒（此时这座城已经改名为列宁格勒了）的路，他在途中决定在丹麦停留以拜访量子力学的创始人之一，传奇人物尼尔斯·玻尔。他向玻尔介绍了彼时尚未来得及发表的关于原子核放射性的工作，玻尔对他大为赞赏，并因此向伽莫夫提供了哥本哈根研究所的研究员职位。当然，伽莫夫激动地接受了。他在哥本哈根继续从事核物理学的研究，并很快就成了这一领域公认的权威。

1930年，伽莫夫受邀在罗马的原子核大会上发表重要演讲。当他准备骑着他的小摩托车穿越欧洲时，他被苏联大使馆告知他的护照不能延期，他必须先返回苏联更换护照才能去其他地方旅行。

回到列宁格勒，伽莫夫立刻感觉到情况正在急转直下。斯大林主义政权正在加紧对这个国家的控制。科学和艺术必须符合官方的意识形态，任何被指为持有“资产阶级”唯心主义的观点的人都将受到严厉的迫害。量子力学和爱因斯坦的相对论被宣布为反科学理论。当伽莫夫在一次公开演讲中提到量子物理学时，一位政府代表打断了演讲并驱散了听众。他们警告伽莫夫不能再犯这样的错误。而在此事发生之前，他就被告知，他不可能再出国进行学术交流了，护照也大可不必再申请了。铁幕紧紧地关上了。在伽莫夫看来，不祥的预兆已经显现：他必须逃离苏联。

伽莫夫在回到列宁格勒后不久便与妻子柳芭结婚了，他们准备一起逃跑。他们计划从克里米亚半岛出发，穿越黑海，最终在土耳其上岸。他们幼稚地打算用皮划艇来完成这一计划。他们储备了一个星期的食物，并规划了一条简单的航线：向正南方划。但是黑海之所以被称为“黑”海，并不是无缘无故的。两个冒险家早上离开的时候，天气还非常平静，但是到了傍晚，风浪却越来越大。到了晚上，他们需要竭尽全力才能防止皮划艇倾覆。最终他们放弃了这个出逃计划，努力尝试活着回到岸上。最终，他们在第二天活着回到了苏联的海岸上，这令他们感到无比幸运。

1933年夏天，伽莫夫意外得知他将作为苏联代表出席在布鲁塞尔举行的著名的索尔维核物理大会。他欣喜若狂，却不知道这次机会能否帮助他逃离苏联。这次机会来自他的老朋友玻尔，当伽莫夫缺席了1930年在罗马举行的会议时，玻尔就感到有些不安，为了见见他的老朋友，他请求法国物理学家，同时也是法国共产党成员的保罗·朗之万利用他的关系安排伽莫夫出席索尔维会议。但是，伽莫夫惊恐地发现，玻尔曾向朗之万保证伽莫夫将在会议闭幕后回到苏联！在那天晚上的晚宴上，伽莫夫坐到了玛丽·居里的旁边。居里夫人是镭和钚的发现者，和朗之万也非常熟悉（两人之间曾有一段绯闻）。伽莫夫告诉了她自己的艰难处境，居里夫人承诺她会和朗之万谈一谈。伽莫夫焦虑地等待了一天一夜，最终得知问题解决了，他可以不用再回苏联。第二年，他接受了美国乔治·华盛顿大学的教授职位。

原初火球

伽莫夫认为，早期宇宙不仅有极高的密度，还有极高的温度，因为气体在被压缩时会变热，而膨胀时会变冷。（骑自行车的人曾告诉我他们亲自体验过气体的这种特性：当你给自行车的轮胎打气的时候，它会变得暖乎乎的。）

为了形象地说明为什么膨胀会导致气体冷却，我们可以想象一个充满气体的大盒子。气体分子无时无刻不在做无规则的热运动并与盒子的壁碰撞，就像一个个砸在墙上的小球。现在想象一下，盒子正在扩大，所以墙壁正在互相远离。墙壁的互相远离会对气体分子产生什么影响呢？在网球训练中，如果你将球打向墙，球会以相同的速度反弹回来。但是想象一下这堵墙正在离你远去，这样的话，球相对于墙壁的速度会变小，反弹回来的速度也就会比你打出去的速度慢。类似地，正在扩张的盒子中的分子每次与外壁碰撞时都会减速。温度与分子的平均动能成正比，因此气体的温度在膨胀过程中会下降。当然，在膨胀的宇宙中并没有移动的墙，但是粒子会相互碰撞，所以膨胀会对温度造成相同的影响。宇宙正在随着膨胀逐渐变冷。因此，越早期的宇宙越热。如果我们倒推回爆发的那一刻，宇宙会是无限热的。

当温度超过几百开尔文[①]时，分子中连接原子的化学键会因高温而断裂，分子解体成一个个单独的原子。而温度的进一步升高又会导致原子的解体。首先，在3 000开尔文左右，电子会从原子核中逃逸[3]；到了10亿度左右，原子核会分解为质子和中子（统称为核子），最后在大约10 000亿度左右，核子分裂成夸克，这是我们已知的最基本的粒子。

除了组成原子的物质粒子，这个原初火球还包含大量的辐射量

① 开尔文是物理学家常用的一种温度计量单位，它的温度从绝对零度（即零下273摄氏度）开始，以摄氏温度为单位进行计量，即开氏温度的数值减去273就是摄氏温度的数值。我们在这里讨论的温度非常高，这种情况下摄氏温度和开氏温度之间几乎没有差别。

子，也就是光子。光子是一束电磁能量，普通的可见光也是由光子组成的。移动的带电粒子既可以发射也可以吸收光子，当发射速度等于吸收的速度时，平衡态就迅速建立起来了。温度越高，平衡态光子的平均能量和密度越高。这锅“宇宙热汤”的菜谱看起来非常简单：将所有物质分解成最小的碎片，然后混合在一起，加入适量的光子就可以了。不过，这并不是全部。

时间越早，粒子的能量就越高，它们也会更加密集，并不断地相互碰撞。为了了解原初火球的构成，我们需要知道这种高能碰撞中会发生什么。摧毁基本粒子是粒子物理学家最爱做的事。他们建造了一种名叫粒子加速器的巨大机器，在那里，他们将粒子加速到很高的速度（这些粒子由此获得了极大的动能），并让它们相互碰撞，看看会发生什么。这比观看台球碰撞令人兴奋得多，因为粒子在碰撞中常常变化——就像红色和蓝色的球相互碰撞后变成黄色和绿色。粒子的数量也可以改变：两个粒子的碰撞可以像放烟花一般产生数十个新粒子，从碰撞点飞溅出来。这种碰撞在早期的宇宙中非常频繁。

准确预测这样的碰撞会造成何种结果是不可能的，因为有很多可能的结果。物理学家只能用量子理论来计算不同结果出现的概率，因为量子世界本身就是不确定的。虽然结果受到一些严格的守恒定律的限制，例如能量和电荷守恒定律分别规定碰撞前后的总能量和总电荷数应该相同，但任何守恒定律不禁止的结果都是有可能发生的。在早期的宇宙中，粒子不断地相互碰撞，空间中充满了所有种类的粒子。

每种类型的粒子都存在质量完全相同，且电荷相反的反粒子。粒子和反粒子通常成对产生。例如，两个能量大于电子质量（能量和质量可以用$E = mc^2$来转换）的光子发生碰撞后可以变成电子及其反粒子，也就是正电子。与之相反的过程被称为成对湮灭：一个电子和一个正电子相互碰撞，变成两个光子。

在高于100亿度的温度下，光子能量大得足以产生电子-正电子对。因此，火球中充满了由电子和正电子组成的气体，其密度与光子气体的密度大致相同。在更高的温度下会出现更重的粒子对。物理学家们已经发现了丰富多彩的粒子种类，它们的质量差别非常大。其中最重的是W玻色子、Z玻色子和顶夸克，前两者的质量是电子质量的30万倍左右，而顶夸克的质量又是前者的两倍，它们是目前能在粒子加速器中产生的最重的粒子，存在于温度超过3 000万亿度的原初火球中。不过，我们对高温状态的粒子的了解仍然十分有限，因此我们对原初火球的认知也非常少。

弗里德曼方程可用于确定这个火球在任何给定时刻的温度和密度。例如，在大爆炸之后的一秒钟，温度为100亿度，密度约为1吨/立方厘米。

在火球的阶段，最充满变数的时段是它存在的第一秒钟，主要特征是奇异粒子种群的快速演替。W玻色子、Z玻色子和其他较重的粒子仅存在于大爆炸之后的0.000 000 000 01秒内。μ介子（一种与电子相似，但比电子重200倍的粒子）和其反粒子在大爆炸的0.000 1秒后湮灭。大约在同一时间，3个夸克合并在一起形成核子。最后湮灭的是电子-正电子对，这一过程发生在大爆炸后的1秒。为了保证能有残存的电子和核子来形成我们现在的宇宙，夸克的数量肯定要比反夸克多一些，而电子的数量也肯定比正电子要多一些。[4]总之，在大爆炸发生1秒后，“宇宙热汤”中就只剩下核子、电子和光子了。①

① 此外，在原初火球中还存在着中微子，一种非常轻的、相互作用很弱的粒子。我在这里忽略了它，因为它在接下来的故事里并不重要。

伽莫夫的炼金术

像夸克、W玻色子、Z玻色子这样的粒子在伽莫夫的时代还没有被发现，伽莫夫本人对电子–正电子对也不甚关注。他主要关注大爆炸后一秒之后的宇宙。在他职业生涯的早期，伽莫夫就对原子起源问题产生了兴趣。自然界中有92种不同的原子，或者说化学元素。其中一些，比如氢、氦和碳，含量非常丰富；而另一些，比如金和铀，则极其罕见。伽莫夫想知道究竟是什么决定了元素的丰度。

炼金术士试图将其他的元素变成黄金，但是现在的我们知道，他们是注定要失败的。想要把一种化学元素变成另一种，人们必须学会改变原子核的组成。这种转变所需的能量比化学反应所需的能量大数百万倍，远远超过炼金术士所能达到的水平。氢弹的爆炸可以达到这么高的能量，但是地球上自然发生的任何过程都不可以。因此，我们现在观测到的地球上的元素丰度与46亿年前太阳系形成时地球上的元素丰度是相同的。①

恒星内部也是元素的自然来源。恒星是巨大的、炽热的、由气体构成的球体，这些气体被引力聚集在一起。我们的太阳主要由氢组成——氢是最简单的元素，其原子核仅由一个质子构成。太阳中心区域的温度超过1 000万度，这足以引发核反应。一连串的链式反应将氢转化为氦，释放出的能量使得太阳发光。太阳在进行核反应的理论是在20世纪30年代末由德国出生的物理学家汉斯·贝特（Hans Bethe）

① 放射性元素（如铀）是一个例外，它们会自发衰变成较轻的元素。一个铀原子衰变成为铅原子平均需要45亿年时间，因此，铀的含量会逐渐减少。事实上，我们对地球年龄的最准确的估算结果，就是通过对铀和铅相对丰度的测量得到的。

提出的，他后来因此获得了诺贝尔奖。然而，这个理论在解释元素丰度方面的作用微乎其微。我们在宇宙中观测到大量的氦元素，而恒星中的氦却只占其中一小部分。另一个问题是氘（重氢）的存在，它的核非常脆弱，在炽热的恒星内部很快就会被摧毁，因此很难想象它是如何产生的。

伽莫夫对此做出的解释是恒星根本不够热。他本人有另一套想法来解释元素的产生：大爆炸后不久的整个宇宙才是产生各种元素的熔炉。为了研究炽热的早期宇宙中的核反应，伽莫夫招募了两位年轻的物理学家，拉尔夫·阿尔弗（Ralph Alpher）和罗伯特·赫尔曼（Robert Herman）。他们认为核子、电子和辐射的炽热混合物曾均匀地充满宇宙。当宇宙冷却到10亿开尔文以下时，一个中子和一个质子就有可能结合在一起形成氘核（见图4.1）。它与质子中子的再次结合会迅速将氘变成氦（氦的原子核中有两个质子和两个中子）。然而，这种形成原子核的方式到此就走到尽头了。原因在于，由于核子之间作用力的某些特殊性，由5个核子组成的原子核不可能保持稳定，而多个核子同时附着在一个已有原子核上的可能性极小。这就是所谓的五核子能隙。计算表明，大约23%的核子最终以氦的形式存在，其余的几乎都以氢的形式存在。这一过程中也会产生少量的氘和锂。[5]

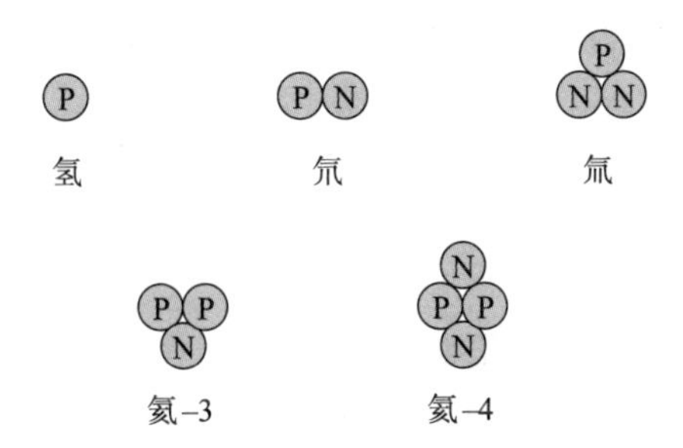

图4.1　几种最简单的原子核，其中P和N分别表示质子和中子

使用最新的核反应数据和强大的计算能力，现代物理学家精确地计算了通过宇宙熔炉产生的元素的丰度，然后发现理论计算的结果与天文观测得到的丰度近乎完全一致。通过研究遥远天体发出的光谱，天文学家可以确定它们的化学成分。大爆炸理论做出的一个坚定预测就是，宇宙中的任何星系都不应该含有少于23%的氦：氦在恒星中也会产生，因此其丰度只会比原始丰度高。目前也的确没有发现违反该预测的星系。大爆炸理论预测的氘丰度略低于万分之一，而锂的丰度则低于十亿分之一，这些数据都得到了观测的证实。可能有人会说大爆炸理论对氦的丰度的正确预测是侥幸，但是整组数字都出现这样的巧合似乎不太可能。

但是重元素呢？伽莫夫和他的团队竭尽了全力，但还是找不到一种方法来跨越五核子能隙。与此同时，在大西洋彼岸，稳恒态宇宙模型的主要支持者弗雷德·霍伊尔正在构建另一种理论来解释元素的起源。霍伊尔意识到像我们的太阳这样将氢燃烧成氦的恒星，其温度不足以生成更重的元素。但是当一颗恒星的氢被耗尽时会发生什么呢？氢耗尽后核反应会停止，无法对抗向内的引力，继而导致恒星坍缩，使得恒星的密度和温度上升。当中心温度达到1亿度时，一个新的核反应途径出现了：三个氦原子核结合在一起形成一个碳原子核。当中心区域所有的氦都被消耗掉时，恒星会进一步收缩，直到温度升高到足以点燃以碳为原料的核反应。随着这个过程的继续，一个层状结构形成了：越重的元素越接近中心，因为产生它们需要更高的温度。在像太阳这样的恒星中，这一反应链并不会延续很长，但是在更大质量的恒星中，这个过程一直延伸到铁。铁是所有原子核中最稳定的一个，再往上，恒星就再也没有燃料可烧了。由于没有核反应产生的压强的支撑，恒星最内部的核心坍缩，达到巨大的密度和高达100亿度的高温，这引发了一场巨大的爆炸，它被称为超新星爆发，此后恒星的外层物质会被抛入星际空间。这场猛烈的爆炸释放的能量将一部分铁转变为了更重的元素，而被抛入星际空间的物质也将成为新一代恒星和行星系统的原料。霍伊尔及其合作者根据这一理论计算出的重元素丰度与观测结果也相当吻合。

霍伊尔和伽莫夫的理论在20世纪四五十年代逐渐被完善。当时，两人的理论被视为竞争关系，但事实证明两者都是正确的：轻元素主要在早期宇宙中形成，而重元素主要在恒星中形成。宇宙中几乎所有已知的物质都以氢和氦的形式存在，其中重元素所占比例不到2%。然而，重元素对我们的生存至关重要：地球、空气和我们的身体大部分是由重元素构成的。正如剑桥大学的天体物理学家马丁·里斯（Martin Rees）所写："我们是星尘——远古恒星的灰烬。"[6]

宇宙微波辐射

大约在大爆炸发生三分钟后，氦开始形成，而这一过程持续了不到一分钟就完成了。在这之后宇宙继续以惊人的速度膨胀，伴随着密度和温度的快速下降。但是在开场几分钟的紧张刺激之后，宇宙的演化速度就越来越慢了。物质粒子几乎不会再发生什么变化，但其中作为原初火球重要组成部分的辐射却一直在演化。

在微观的量子层面上，辐射是由光子构成的；但在宏观上，辐射可以被描述为电磁波——一种电磁能量的振荡模式。振荡频率越高，其光子的能量就越高。不同频率的波会产生不同的物理效应，我们也用不同的名称称呼它。可见光在整个电磁波谱中只对应一个很窄的频率范围。更高频率的波叫作X射线，而比X射线频率还要高的波叫作伽马射线。而在低频的一边，我们有微波和频率更低的射电波。所有的这些波都以光速传播。

随着原初火球温度的下降，充斥其间的辐射的强度也逐渐减弱，频率逐渐从伽马射线降低到X射线，再到可见光。大爆炸后30万年的时候，宇宙发生了一个重要的变化：温度变得足够低，使得电子和原子核可以稳定地结合成原子。而在此之前，电磁波经常被带电的电子和原子核散射，这会改变其运动方向。而辐射与既不带正电也不带负电的原子的相互作用是非常微弱的，因此一旦原子形成，电磁波就可以在宇宙中自由地传播，几乎不会被散射。换句话说，宇宙突然变得透明了起来。

在这之后宇宙辐射会发生什么变化呢？随着宇宙的膨胀，电磁波的频率持续下降，相应的温度也随之降低，仅此而已。在电中性的原子刚刚形成时，辐射的温度大约是4 000度，略微低于太阳表面的温度。如果我们当时在场且能够忍受这种不健康的环境，我们就会看到整个宇宙都闪耀着灿烂的橙色光芒。等到宇宙诞生60万年的时候，我们将观察到光变成红色。在100万年的时候，光线会从可见光范围转移到光谱的红外部分。因此，在我们的眼睛看来，宇宙将陷入完全的黑暗。电磁波的频率仍然在缓慢地下降：到目前，也就是大爆炸后大约140亿年的时候，它们已经下降到了微波的范围。

伽莫夫的同事、年轻的阿尔弗和赫尔曼对此进行了研究。他们计算了从宇宙诞生伊始到现在的变迁，并得出了一个令人瞩目的结论：当前，我们应该沉浸在一片微波的海洋中，其温度约为5开尔文。

阿尔弗和赫尔曼的研究发表于1948年。你可能以为它应该吸引了很多人试图观测这些微波。由于发现原初辐射能够有力地证明大爆炸理论的正确性，它的发现应该具有巨大的意义。你可能会继续遐想，一旦辐射被观测到，这两位先生会因正确的预言而获得诺贝尔奖。但可惜的是，事情并没有这样发展。

证据确凿

很奇怪的是，在该理论被发布后接近20年的时间里，这些预测丝毫没有引起人们的注意，直到1965年，这种辐射才偶然地被发现。在新泽西州的贝尔实验室工作的两位射电天文学家阿尔诺·彭齐亚斯（Arno Penzias）和罗伯特·威尔逊（Robert Wilson），在他们灵敏的射电天线中发现了持续的噪声。噪声的温度大约在3开尔文左右，并且噪声的强度不随着时间或天线指向的方向变化。彭齐亚斯和威尔逊煞费苦心地排除了他们能想到的所有可能性，但仍然没能找到问题的根源。他们甚至驱逐了一对栖息在天线上的鸽子，并清除了这些鸽子留下的被彭齐亚斯称作“白色电介质材料”的东西[①]。然而，一切都无济于事，噪声的来源仍然是个谜。

与此同时，在大约30英里（约50千米）之外，普林斯顿大学的一群物理学家正忙着建造他们自己的射电天线。这个小组的负责人是罗伯特·迪克（Robert Dicke），他是一位杰出的物理学家，既精通理论也精通实验。迪克认为宇宙历史早期炽热的阶段应该会留下一些余晖，于是设计了一个天线来寻找这些余晖。而当普林斯顿小组准备开始测量时，他们听说了彭齐亚斯和威尔逊遇到的难题。他们马上就意识到，彭齐亚斯和威尔逊正在努力消除的噪声正是他们想要探测到的宇宙微波的信号！

① 也就是鸽子粪。——译者注

这是一个值得深思的问题：为什么我们必须依赖偶然才能发现宇宙微波背景辐射？为什么没有人认真看看阿尔弗和赫尔曼的理论？即使他们的论文因为什么偶然原因被忽略了，为什么其他人花了超过15年的时间才做出了同样的预测？毕竟，微波背景辐射是伽莫夫的热大爆炸模型能导出的直接结果。

原因之一似乎是，物理学家根本不相信早期宇宙真的存在。诺贝尔奖获得者、物理学家史蒂文·温伯格写道："在物理学领域，这种情况经常发生。我们的错误不在于我们太过看重自己的理论，而在于我们没有足够认真地对待它们。"[7]乔治·伽莫夫过于丰富的兴趣爱好或许也阻碍了物理学界接受他和他的理论。他是一个爱恶作剧的家伙，爱写一些不登大雅之堂的打油诗，而且经常在酒吧里喝得酩酊大醉。他与我们心目中物理学家的形象相去甚远。最后，到了20世纪50年代中期，伽莫夫、阿尔弗和赫尔曼三人都不再研究大爆炸理论了：伽莫夫逐渐被生物学所吸引，并发表了有关基因编码的突破性发现，而阿尔弗和赫尔曼则离开了学术界，转而在私营企业任职。人们不禁猜想，他们做出这样的选择，是不是也跟自己的理论迟迟得不到承认有关系。到了20世纪60年代中期，当彭齐亚斯和威尔逊终于收集到了相关数据时，伽莫夫和他的团队的工作几乎已经被遗忘了。

彭齐亚斯和威尔逊只是在一个单一的频率上测量了辐射的强度，也就是他们的天线设定好的那个频率。而根据理论预测，辐射应该散布在一个频率范围里，其强度与频率的关系遵循一个由马克斯·普朗克在20世纪初提出的简单公式。1990年，宇宙微波背景探测器（COBE）卫星的探测结果以惊人的精度证实了这一预测，理论与测量值的误差小于万分之一。

宇宙微波背景辐射无疑是宇宙学中划时代的发现。这一看得见摸得着的原初火球的遗迹让我们相信，大约140亿年前确实存在一个炽热的早期宇宙，这绝不是我们的幻想。彭齐亚斯和威尔逊因“发现宇宙微波背景辐射”获得了1978年的诺贝尔物理学奖，但从理论上预测到了它的存在的人却未能获奖。

创世的缺陷

如果宇宙一开始是完全均匀的，那么直到今天，它仍然会是完全均匀的。宇宙将被稀薄而均匀的气体充满，这些气体将随着宇宙膨胀变得更加稀薄。这样，宇宙将永远处于黑暗之中，宇宙背景辐射将慢慢转变为频率越来越低的射电波。但倘若抬头看一眼夜空，你就会发现我们的宇宙并不是那么单调乏味。宇宙被散布在空间各处的闪耀的恒星照亮，形成了一个富有层次的结构。这个结构的基本单位是星系，典型的星系包含大约1 000亿颗恒星。星系聚集形成星系团，又进一步形成超星系团，超星系团延伸到数亿光年①的范围，直径达到目前的可观测宇宙的百分之一。

宇宙学家将所有这些宏大的结构的起源归因于早期宇宙中微小的不均匀性。由于所谓的引力不稳定性，微小的不均匀性可以促使一个星系诞生。假设宇宙中某个区域的密度比它周围的区域稍微大一些，它将具有更强的引力，从而可以从周围地区吸引更多的物质，造成的结果就是密度的差异不断增大。物质的初始分布几乎是均匀的，但最终却演化得高度不均。宇宙学家认为，这就是星系、星系团和超星系团的形成过程。根据这个理论，第一个星系于大爆炸后大约10亿年形

① 一光年是光一年中走过的距离，大约10万亿千米。

成。恒星照亮了宇宙，终结了宇宙的黑暗时代。星系的形成过程于不久前结束——“仅仅”40亿年前，即宇宙年龄大约100亿年时。

你可能认为我上面所讲的注定只是一个故事，因为当时人类还没有诞生，没有人可以证实它。但是正如前文所述，由于光的传播需要时间，我们看到的远处的物体其实是它很久以前的样子，那时发出的光到现在才被我们收到。因此，通过研究更遥远的星系，我们可以追溯更久远的过去。我们能观测到的最遥远星系所发出的光大约需要130亿年才能到达地球，所以我们看到它们的样子，是宇宙刚刚10亿岁时的样子。与我们在地球附近发现的巨大的旋涡星系相比，这些星系体积较小，形状也不规则——这表示它们十分年轻。

宇宙历史上更早的时期可以通过宇宙微波背景辐射观察到。自从宇宙变得透明以来，这些电磁波连续不断地走了近140亿年的时间，其间没有被散射。这些微波最后被散射的区域离我们大约有400亿光年的距离。①（并不是人们以为的140亿光年，因为在此期间宇宙也在持续膨胀。）因此，这些微波是从一个半径400亿光年的巨大球体的表面发射到我们这里的，这个界面被称为最后散射面。从密度稍高的区域发出的辐射需要克服较强的引力，因此到达我们这里时其强度略有减弱。因此，密度较大的区域在微波波段中看起来更为暗淡。通过绘制天空各个方向的辐射强度地图，我们可以得到这些光最后一次被散射时的宇宙图景，彼时宇宙只有30万年的历史。

1992年，COBE 团队第一次成功绘制了全天微波图背景。10年后，

---

① 电磁波被散射，意思是指它们被带电粒子吸收并重新发射，因此最后散射面等同于宇宙辐射最终被发射的界面。

WMAP卫星[①]绘制了一幅更为详细的地图，如图4.2所示。较深的灰色对应着较高的辐射强度，但最亮和最暗的点之间的强度差别只有十万分之几。这意味着在这些光最后一次被散射时，宇宙几乎是完全均匀的。而我们现在在天空中看到的所有壮丽的结构，都由那时的微小涟漪所决定。

图4.2　威尔金森微波各向异性探测器（WMAP）所描绘的微波波段的全天图（图片来源：马克斯·泰格马克）

现代式创世记

图4.3展现了迄今为止我们已经讨论过的宇宙诞生的故事。这个故事得到了大量观测数据的支持，毫无疑问，它基本上是正确的。不

① 即威尔金森微波各向异性探测器，它以普林斯顿大学的戴维·威尔金森（David Wilkinson）的名字命名。威尔金森率先提出了发射这个探测器的想法，并为探测器的设计贡献了主要的灵感。不幸的是，他在卫星发射前不久去世了。

过，具体细节仍有待商榷，一些问题仍然悬而未决。其中最大的未知数之一是暗物质的性质。现在我们只能通过暗物质对星系和星团的引力观察到它的存在。我们有充分的理由相信，大部分暗物质不是由核子和电子组成的，而是由一些尚未被发现的粒子组成的。星系形成过程的细节取决于这些粒子的质量和相互作用，但无论如何，图4.3中描绘的整体情况是没有差错的。

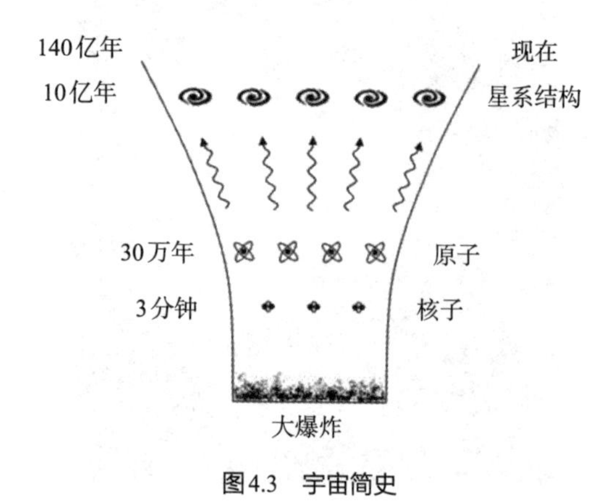

图4.3 宇宙简史

我们能够观察到140亿年前的宇宙，并且能够准确地描述大爆炸后不到一秒钟发生的事件，这已经是非常了不起的成就了。这让我们越发急切地想要接近宇宙诞生的时刻。但是对于那一刻到底发生了什么，我们仍然一无所知。事实上，仔细观测后我们发现，大爆炸本身比以前看起来更加奇怪了。

第5章 暴胀的宇宙

人们可以抵抗军队的入侵，但是无法抗拒思想的侵袭。

——维克多·雨果

宇宙之谜

假设有一天，你收到了一条来自遥远星系的无线电消息，内容是“猫王活着”。你把无线电天线指向另一个星系，惊讶地发现你收到了一条一字不差的消息。令人困惑的是，无论你把天线指向哪个星系，你都会收到一样的消息。你会得出两个结论：第一，猫王的歌迷遍布全宇宙；第二，他们彼此一定互相通过信——不然，他们怎么会发送完全相同的消息呢？

这个例子虽然看起来有点儿蠢，却与我们观察宇宙时的情况非常相似。从宇宙的各个方向射向我们的微波辐射的强度几乎完全一致，这表明在这些辐射被发射时，宇宙的密度和温度是高度均匀的。这意味着，发射辐射的区域之间存在某种联系，从而使得不同区域的密度和温度保持均匀。然而，问题在于，从大爆炸到现在的时间太短，这样的相互作用不可能发生。

问题的关键在于，任何物理相互作用都不能以超过光速的速度传播。自大爆炸以来，光所走过的距离约为400亿光年，这被称为视界距。它决定了我们可以看见多远的地方，并限制了可以进行信息交互的最大距离。我们现在观测到的宇宙辐射，是在大爆炸后不久发出的，从与视界大致相等的距离射向我们。现在，假设有来自天空中两个相反方向的辐射（如图5.1所示）。这些辐射发出的区域现在被两倍于视界距的距离分开，因此不可能相互作用，更不能通过交换热量来平衡温度。

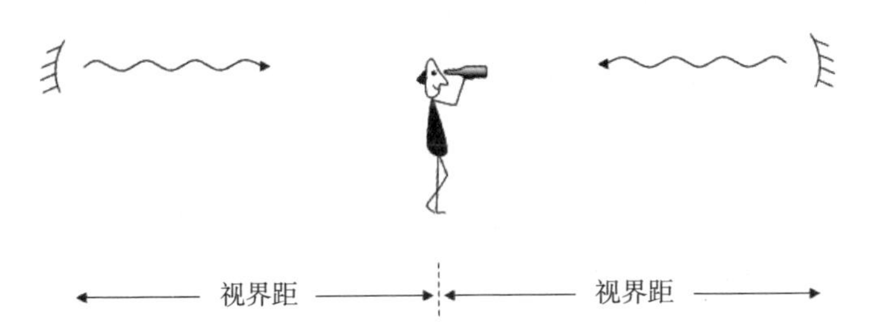

图5.1　来自相反方向的宇宙辐射，两个辐射源之间相隔两个视界距

在早期，这两个区域彼此更接近，你或许因此认为这可能使得它们达到平衡。但事实上，在早期，困难甚至更为严重。原因是，在我们回溯的过程中，会发现两点间的距离确实会缩短，但其缩短的速度赶不上视界距减小的速度。在最后散射的时刻，即宇宙辐射被发出的时刻，宇宙的可观测部分已被分割为了成千上万个彼此之间无法传递信息的小区域。因此，我们可以得出这样的结论：如果一开始的原初火球就不是均匀的，那么任何物理过程都不可能使其变得均匀。

大爆炸的这种神秘特征通常被称为视界问题。我们对早期宇宙温度和密度的极度均匀性的唯一解释是，宇宙自诞生伊始就是这样的。从逻辑上讲，这种“解释”没有错。既然奇点的物理特征无法定义，我们便可以随意设定大爆炸伊始的宇宙的形态。但这个“解释”给人的感觉是根本没有解释任何事情。

宇宙大爆炸另一个令人费解的特征是，爆炸的威力使所有粒子相互远离，而引力则减缓了膨胀的速度，这两者之间存在一个脆弱的平衡。如果宇宙中物质的密度稍微高一点点，它的引力就足以阻止膨胀，宇宙最终会再次坍缩。而如果密度再低一点点，宇宙就会永远膨胀下去。观测到的密度与临界密度的差不超过百分之几，恰好处于两种糟糕结局之间的分界线上。我们需要对这种“巧合”做出解释。

问题在于，在宇宙演化的过程中，宇宙的密度有快速偏离临界密度的倾向。举例来说，如果在大爆炸后的一秒钟宇宙密度超过临界密度1%，那么在不到一分钟后，宇宙密度将升至临界密度的两倍，而在三分钟多一点点后，宇宙就会重新坍缩为一个点。而如果初始密度比临界密度低1%，那么在一年后，宇宙的密度就会降到临界密度的三十万分之一。在这样一个低密度的宇宙中，恒星和星系永远不会形成，它只会充斥着稀薄而毫无特征的气体。如果想要使得现在这个年龄有140亿年的宇宙的密度和临界密度只相差几个百分点，其初始密度必须如外科手术般精准。计算表明，在大爆炸后1秒时，宇宙的密度与临界值的差异不得超过百分之0.000 000 000 000 01。

与之密切相关的另一个问题是宇宙的几何结构。弗里德曼告诉我们，宇宙的大尺度几何结构和它的密度相关。如果密度高于临界密度，那么宇宙会是闭合的；如果密度低于临界密度，那么宇宙会是开放的；而如果密度恰好等于临界密度，宇宙将是平直的。因此，想要知道为什么宇宙的密度如此接近临界密度，我们可以转而探寻为什么它的空间几何结构如此接近于平直。因此，这一问题也被称为平直性问题。

人们早在20世纪60年代就已经意识到了视界问题和平直性问题，但几乎从来没有人讨论过，原因很简单——没有人知道该如何讨论这些问题。要解决这些问题，就必须面对一个更大的难题：宇宙大爆炸的过程中到底发生了什么。引发宇宙大爆炸并使所有粒子彼此远离的力的本质是什么？近半个世纪以来，物理学家在这个方向上没有取得任何进展，他们逐渐习惯于认为这是一个你永远也不能提的问题——要么是因为它不属于物理学，要么是因为物理学还没有准备好解决它。因此，当1980年阿兰·古斯在这一问题上取得了戏剧性的突破，并为一次性解决这一顽固的宇宙学难题指明了道路时，所有人都感到十分惊讶。[1]

* * *

古斯认为，是一种斥引力把宇宙炸开了。他认为早期宇宙包含一些非常不寻常的物质，这些物质产生了强烈的相互排斥的“引力”。如果你想就此做一次演讲，你最好在口袋里装一块反引力物质来说服你的听众，或者至少你得准备好一个十分动人的理由来说服大家相信它真的存在。幸运的是，古斯不需要发明任何魔法般的材料。主流的基本粒子理论已经提供了备选项：它被称为伪真空。

伪真空

> “老伯伯，你能够利用‘没有’吗？”
>
> “啊，不，孩子，没有只能制造出没有。”
>
> ——莎士比亚《李尔王》①

① 引自《李尔王》，朱生豪译，译林出版社2018年版。——编者注

真空就是空荡荡的空间。它通常被认为是“无”的同义词。因此，当爱因斯坦第一次提出真空能的概念时，人们对此感到非常奇怪。但是，由于过去30年粒子物理学的发展，物理学家对真空的看法发生了巨大的变化。对真空的研究仍在持续，我们了解得越多，它就越显得复杂和迷人。

根据现代基本粒子理论，真空是一种物理对象，它可以带有能量，并且可以处于各种不同的状态。在物理学术语中，这些状态被称为不同的真空（vacua，是英语中通常表示“真空”的词vacuum的复数形式）。基本粒子的种类、质量和相互作用都是由其所处的真空决定的。粒子与真空之间的关系类似于声波与传播声音的介质之间的关系，在不同材料中声波的种类及其传播速度也不同。

我们生活在能量最低的真空中，这就是所谓的“真真空”。[2]物理学家对存在于这种真空中的粒子以及它们之间的作用力已经十分了解了。例如，强核力在原子核中束缚着质子和中子，电磁力在原子核周围的轨道上抓住电子，弱力负责与中微子（一种难以捉摸的轻粒子）相关的相互作用。顾名思义，这三种力的强度各不相同，电磁力的强度介于强核力和弱力两者之间。

其他真空中基本粒子的性质可能完全不同。我们不知道真空一共有多少种，但粒子物理学表明，除了我们所处的真真空之外，可能还有至少两种真空，这两种真空都具有更多的对称性，而粒子及其相互作用的种类则要少一些。第一种是所谓的弱电真空，在这种真空中，电磁相互作用和弱相互作用具有相同的强度，并且表现为同一种力的两个部分。这种真空中的电子的质量为零，和中微子没有区别。它们以光速横冲直撞，因此原子核无法抓住它们以形成稳定的原子。难怪我们不生活在这种真空中。

第二种是大统一真空，这里所有三种类型的粒子相互作用是统一的。在这种高度对称的状态下，中微子、电子和夸克（组成质子和中子的基本粒子）都是等价的。我们几乎可以肯定弱电真空的存在，但大统一真空似乎更多地只是一种推测。从理论上来说，这些认为大统一真空存在的理论看起来十分漂亮，但它们主要探讨能量极高时的情形，因此只有少数间接的观测证据支持这些理论。

弱电真空中的每一寸空间都蕴含着巨大的能量。根据爱因斯坦的质能方程换算，它同样有着巨大的质量，大约每立方厘米1 000亿亿吨，差不多是一个月球的质量。物理学家使用科学计数法来表示如此庞大的数字，1 000亿亿就是1后面跟着19个0，即弱电真空的密度是每立方厘米10^{19}吨。而大统一真空的物质密度更高，约为弱电真空密度的10^{48}倍。自不必提，从来没有哪个实验室合成出这样的真空——目前人类的技术水平离创造这样的能量水平还差得很远。

普通真空蕴含的能量远小于上述的数字。很长一段时间里，人们认为真真空含有的能量正好是零，但最近的观察表明，我们的真空具有一点点正能量，大约相当于每立方米中有3个氢原子的质量。我们将在第9章、第12章和第14章中阐述这个发现的重要意义。

高能真空之所以被称为“伪”真空，是因为它们不同于我们的真空，它们是不稳定的。经过一段短暂的时间，一般来说不到一秒，伪真空就会衰变，变成真真空，而它多余的能量会变为一团炽热的基本粒子火球。我们将在下一章中深入研究真空衰变过程的细节。

* * *

如果真空有能量，根据爱因斯坦的理论，它也应该有张力。[3]我们在第2章中讨论过，张力有斥引力的效果。在真空中，由于质量的原因，斥力比引力强3倍，因此总体表现为一种强大的斥力。爱因斯坦在他的静态宇宙模型中利用真空的这种反引力来平衡普通物质的引力。经计算他发现，当物质的质量密度是真空密度的两倍时，引力和斥力就达到了平衡。而古斯的计划与之截然不同：他不想要一个平衡的静态宇宙，他想让宇宙爆炸，所以，在他的理论中这种伪真空的斥引力并不会得到制衡，它将统治这个宇宙。

宇宙暴胀

如果在早期，宇宙的空间处于伪真空状态，会发生什么？如果那个时代的物质密度小于宇宙平衡所需的密度，那么真空的斥引力就会占上风。这将导致宇宙膨胀——即使它一开始并没有膨胀。

为了便于想象，我们可以假设宇宙是闭合的。接着，它就像一个气球一样膨胀起来，如图3.1所示。随着宇宙体积的增大，真真空中的物质逐渐被稀释，其密度也随之减小。但伪真空中所蕴含的物质密度是一个固定的常数，它始终保持不变。因此，真真空的物质密度很快就小得可以忽略不计，整个宇宙可以近似看成一片均匀膨胀的伪真空。

伪真空中的张力会抵消掉物质之间的引力，并促使宇宙膨胀。由于张力和伪真空密度都不随时间变化，其膨胀率也保持不变。膨胀率指的是宇宙在一定时间内（比如说一秒钟内）体积增长的百分比。它的含义与经济学中的通货膨胀率（一年内物价上涨的百分比）非常相似。1980年，当古斯在哈佛大学做报告时，美国的通货膨胀率为14%。如果保持这个值不变，商品的价格每5.3年就会翻一番。同样，恒定的宇宙膨胀率意味着存在着一个固定的时间长度，即倍增时间，一个倍增时间内宇宙的大小会翻一番。

图5.2　阿兰·古斯在他麻省理工学院的办公室。他的这间办公室荣获1995年由《波士顿环球报》评选的“最乱的办公室”称号

每隔固定的时间就翻倍的增长模式被称为指数增长。众所周知，这种方式可以快速创造出巨大的数字。如果一块比萨现在的价格为1美元，那么经过10个周期（在我们的例子中这是53年）后，其价格将为1 024美元，而经过330个周期后，其价格将为10^{100}美元。这个大得惊人的数字（1后跟100个零）有一个特殊名称：古戈尔（googol）。古斯建议我们在宇宙学中采用“暴胀”（inflation）[①]一词，用它来描述宇宙的指数膨胀。

伪真空宇宙的倍增时间短得令人难以置信。真空能量越高，这个

① “暴胀”与“通货膨胀”在英文中是同一个单词。——译者注

时间越短。对于弱电真空，宇宙会在1/30微秒内膨胀10^{100}倍，而大统一真空的膨胀速度更是弱电真空的10^{26}倍。在这么短的时间内，一个原子大小的区域将膨胀得比目前整个可观测宇宙都大得多。

由于伪真空是不稳定的，它最终会衰变，它的能量最终转化为一个由基本粒子组成的炽热火球。这一事件标志着暴胀的结束以及普通的宇宙演化过程的开始。这样，我们就从一粒微小的种子中得到了一个巨大的、炽热的、不断膨胀的宇宙。此外，令人惊喜的是，大爆炸假说中的视界问题和平直性问题在这个场景中不复存在。

视界问题的本质在于，可观测宇宙的一些部分之间的距离看起来总是比自大爆炸以来光经过的距离要远。这意味着这些区域之间从来没有机会进行相互作用，因此很难解释它们为什么会呈现出相同的温度和密度。在标准的大爆炸理论中，光经过的距离与宇宙的年龄成正比，而区域之间距离的增长速度则会逐渐减慢，这是因为宇宙的膨胀被引力减缓了。在未来，当光所能传播的距离最终赶上区域之间的距离，现在不能相互作用的区域将会有机会进行相互作用。但是在更早的时候，光可以传播的距离远小于区域之间的距离，因此，如果这些区域现在不能进行相互作用，那么它们在过去也不能这样做。因此，这个问题的根源可以追溯到引力使得物质互相吸引的本质，这导致宇宙膨胀随着时间的推移而减慢。

然而，在伪真空的宇宙中，引力是相互排斥的，因此它不但不会减缓膨胀，反而会加快膨胀。这样，情况就反过来了：在过去能够进行信息交流的区域将在未来失去相互作用的能力。更重要的是，那些彼此无法触及的区域在过去一定有过互动。视界问题就这样消失了。

平直性问题也轻易地土崩瓦解。事实证明，只有在宇宙膨胀速度减缓时，宇宙才会倾向于偏离临界密度。而在加速的暴胀式膨胀中，情况恰恰相反：宇宙倾向于趋近临界密度，也即趋于平直。由于暴胀使得宇宙膨胀了许多倍，我们只能看到它的一小部分。这一小部分的可观测区域看起来是平直的，就像你从地面上看地球似乎是平的一样。

总而言之，短暂的暴胀使得宇宙变得巨大、炽热、均匀和平直，为标准的大爆炸宇宙学创造了适宜的初始条件。

暴胀理论即将开始征服世界。至于古斯自己，他做博士后的日子已经结束了。母校麻省理工学院聘用了他，从那以后他一直待在那里。

这看起来是这个传奇故事的大团圆结局，但很不幸，有个问题：这个理论行不通。

第6章 绝对正确

真理易于从谬误中产生，却不容易从混乱中产生。

——弗朗西斯·培根

优雅退出问题

在刚刚想到的美丽理论中发现致命缺陷，这种心一沉的感觉是每个物理学家都了解的。但这就是大部分优美理论的命运，暴胀理论也不例外。俗话说，魔鬼藏在细节中。仔细观察之后，我们发现伪真空的衰变并不如预期的那样平稳。

真空衰变的过程与水的沸腾类似。真真空泡随机迸出，并在伪真空的环境中膨胀（见图6.1）。随着小泡的增大，它们的内部依然几乎

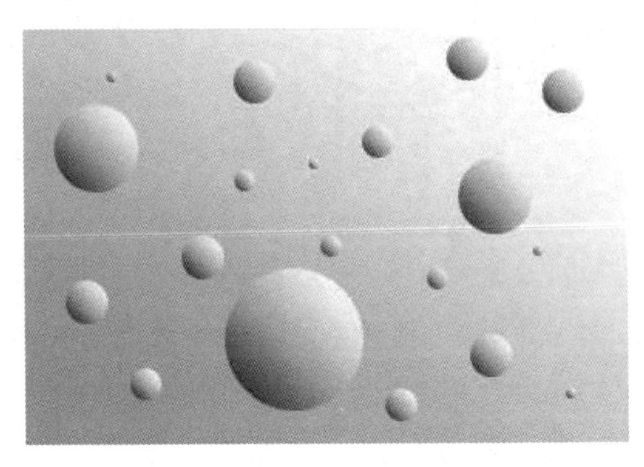

图6.1　真真空泡随机迸出并膨胀。越早形成的真空泡尺寸膨胀得越大

是空无一物，由伪真空转变为真真空的过程释放出的所有能量都集中于膨胀着的泡壁中。当这些小泡相互碰撞并融合时，泡壁分解成为基本粒子。最终，真真空中充满了炽热的物质火球。

如果真空泡以一种快到狂热的速率产生，那么上述情况的确会发生，从而在不到一个倍增时间内完成整个真空衰变过程。然而，这就意味着，远在宇宙变得均匀平直之前，暴胀就过早地结束了。我们感兴趣的情况正好相反，即真空泡的形成率较低，这样在它们开始碰撞时，宇宙已经膨胀了很多倍，变得均匀平直。但是，正如瑞士物理学家保罗·埃伦费斯特经常说的，一石激起千层浪，这里就是石头落水的地方。

这一理论的问题在于，真空泡之间的空间中充满了伪真空，因此同样在迅速膨胀。真空泡的体积增长得很快，与光速接近，但是仍然无法追上伪真空的指数型膨胀。如果这些真空泡在它们形成之后的一个倍增时间内没有相互碰撞的话，那么之后它们之间的距离只会越来越大，再也不会碰上。

这样一来，我们就会得到一个结论，即暴胀不可能结束。真空泡会膨胀到无限大，而新的小真空泡又持续不断地从一直扩张的间隙中迸出。最终结果就是，由暴胀所导致的美妙的均一性被彻底摧毁。这样暴胀式的膨胀缺乏一个合理的终结过程，这个问题被称为“优雅退出问题”。

在古斯的新理论仅仅发布了几个月之后，他就发现了问题。当时他关于暴胀的论文尚未完成，原因很简单：阿兰·古斯是这个世界上病情最严重的拖延症患者。（在跟他合作了一些研究项目之后，我对此有了切身体会。）古斯当然对他理论中的严重缺陷感到失望，但是他还是觉得这个理论太完美了，不可能有错。1980年8月，当他终于着手开始写这篇论文时，他总结道："我发表这篇论文，是希望它可以……促进其他研究者找到某些方式，来避免暴胀情景中的这些不合理的特性。"[1]

标量场

为了找到问题的根源，现在我们来更详细地探讨伪真空的衰变问题。哈佛大学物理学家悉尼·科尔曼（Sidney Coleman）研究了衰变过程，他用所谓的"标量场"来描述这一过程。

所谓"场"，是指空间中每一点都对应着一个数值的物理量。这些数值可能在每一点上都不一样，也可能随着时间变化。举个简单的例子，温度就是一种场，无论是北极、科德角的顶端，还是太阳中心，宇宙中的每一点上都有一个数值确定的温度。另一个我们熟知的例子是磁场，除了数值大小之外，磁场中的每一点还具有方向。我们无法直接感知磁场，但是可以用指南针显示它的存在。指南针的指针会指示出每一点的方向，根据指针摆动的力度也能判断数值大小。

像温度这样没有方向的场，被称为标量场，它们仅用一个数字，即大小，就可以完整表征。在基本粒子物理学中，标量场起着重要的作用。根据现代粒子理论，宇宙空间中充满了许多标量场，它们的数值决定着真空能、粒子质量，以及它们之间的相互作用。换句话说，这些标量场确定了我们存在于哪种真空之中。目前，这些标量场处于真真空值状态，但是在更早的时代，情况可能会有所不同。

为了说明真空衰变的物理本质，我们将从一个标量场出发，重点关注它是如何影响真空能的。空间中的每一立方厘米都具有能量，这个能量取决于场的大小。确切的关联函数尚未可知，但是大体看来，它的形貌有些类似于一片丘陵，如图6.2所示，在其中某些点上取最大值，而另外某些点上取最小值。标量场的行为方式非常类似于一个在其中滚动的小球。根据小球不同的初始位置，它将滚向图中的某一个局部最小值。较低的局部最小值的能量密度几乎为零，代表真真空；而较高的局部最小值表示一个高能的伪真空。

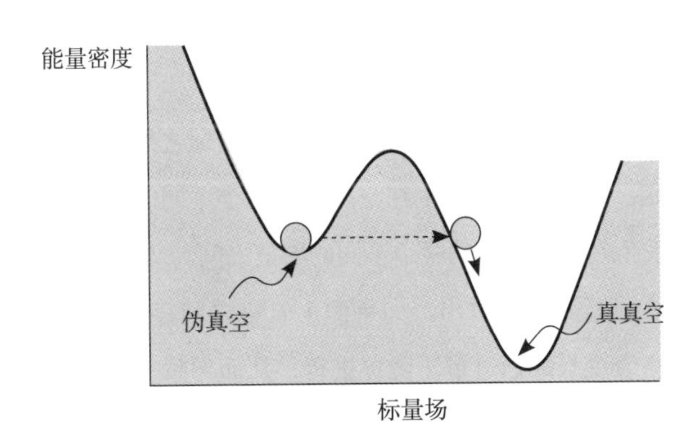

图6.2 拥有真真空和伪真空的标量场能量函数。代表标量场的小球可以利用量子隧穿效应穿过分隔两个真空的能量势垒

假设现在，对于空间中的每一点，我们都从伪真空开始，也就是图6.2中位于较高的局部最小值处的小球，它将在原地静止很长时间，除非有人踢它一下，给它足够的能量越过势垒，到达较低的局部最小值。但是依据量子理论，物体可以像穿过隧道一样穿过能量势垒。如果你有幸能观察到这一过程，你能发现小球先消失了，然后出现在势垒的另一边。

量子隧穿是一个概率过程。你无法准确预测它什么时候会发生，但是你可以计算出它在给定的时间段发生的概率。宏观物体（例如一个小球）隧穿的概率极低。比方说，如果你想让一罐可乐隧穿出自动贩售机，那你需要等待的时间会比宇宙现在的年龄还要长得多。但是在基本粒子的微观世界中，量子隧穿要普遍得多。正如我在第4章中提到的，乔治·伽莫夫利用隧穿效应解释了放射性原子核的衰变。而在这里，就伪真空而言，大片的空间区域隧穿进真真空的概率完全可以忽略不计。隧穿只能发生在很小的微观区域中，形成一个微小的真真空泡，我们已经在上一节中讨论了小泡的形成过程。隧穿概率或大或小，具体取决于能量函数的形状。（当势垒较低或者较窄时，隧穿概率较大。）

尽管小球的隧穿和标量场的隧穿有很多相似之处，但也存在一个重要的区别。小球的隧穿发生在空间中的两个不同的点之间，而标量场的隧穿发生在同一位置的两个不同的取值之间。

从这个分析中可以看出，如果两个真空之间存在一个能量势垒，那么伪真空衰变只能通过量子隧穿进行，从而导致一个随机模式的真空泡。这种真空泡永远不会相互碰撞融合，因此衰变过程永远无法完成。但是，如果我们移除能量势垒，会发生什么呢？

慢滚暴胀

出生于苏联的年轻宇宙学家安德烈·林德（Andrei Linde）率先打破了传统，开始考虑一种新型的标量场模型，即伪真空和真真空之间没有能量势垒的模型。

和前文一样，我们还是从一个小小的封闭宇宙和一个伪真空状态下的标量场开始。如果没有能量势垒，表示标量场的小球将直接滚下真真空（见图6.3）。此时没有真空泡，因此在向下滚动的过程中，标量场在整个空间中都保持均匀。滚到底部之后，标量场又开始来回振荡，振荡的能量随后迅速消散成由粒子组成的火球，而标量场则停留在能量最低的状态。

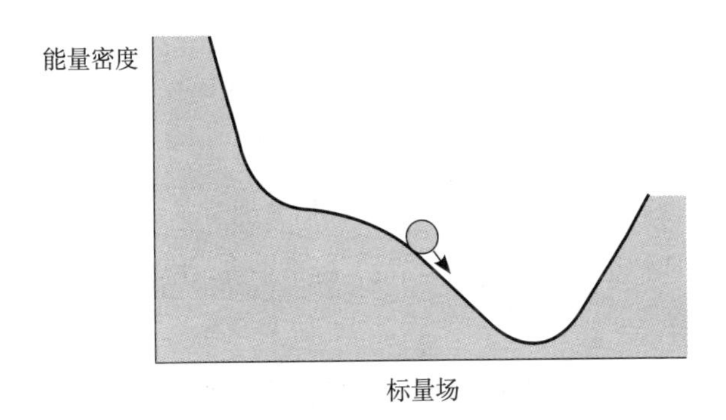

图6.3　没有势垒的能量函数，标量场迅速滚落至真真空状态

然而，问题在于，如果没有能量势垒，标量场会迅速滚落，暴胀也将因此过早结束。林德意识到这个问题的危险性，做出了关键的改动。他认为，能量函数应该呈现为一种平缓山坡一样的形貌，如图6.4所示。图中山顶附近的平坦区域代表伪真空，如果小球处于这一区域中，它将开始非常缓慢地滚动。而既然此处的坡度相当平缓，那么小球会保持在差不多相同的高度。请记住，图中的纵轴表示标量场的能量密度，而能量密度的恒定是维持恒定的暴胀率的必需条件。

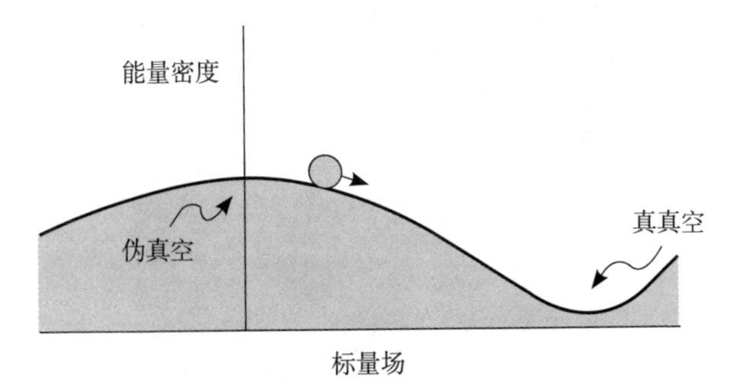

图6.4　呈现出“平坦山坡”形貌的能量函数。标量场缓慢地滚下坡，而暴胀仍在继续

林德想法的关键之处在于，在山顶附近的平坦区域，标量场滚动得非常缓慢，因此需要花费很长的时间才能够穿越这一区域。同时，宇宙进行了指数级的膨胀，由此产生了一个巨大的膨胀系数。当标量场到达图中斜坡陡峭的部分时，向下滚动的速度开始变快，而最终到达能量最小的状态后，标量场会在底部振荡，释放出的能量则变成一个由粒子组成的炽热火球。此时，我们就拥有了一个巨大的、炽热的、膨胀的宇宙，同时还是均匀的，近乎平直。这样，优雅退出问题终于得以解决！

综上所述，要想解决优雅退出问题，我们只需要一个标量场，它的能量函数呈现出如图6.4所示的平缓山坡的形貌。你可能会想，标

图6.5 安德烈·林德（左）与慕尼黑马克西米利安大学的斯拉瓦·穆哈诺夫（Slava Mukhanov）

量场是如何从山顶开始的呢？问得好，但是请先等等，我们将在第17章回到这个问题。

林德的论文发表于1982年2月。几个月之后，美国物理学家安德烈亚斯·阿尔布雷希特（Andreas Albrecht）和保罗·斯坦哈特也各自独立发表了同样的观点。暴胀理论得以被挽救。

另一个重要问题是，这样的标量场在自然界中是否真实存在。不幸的是，我们不知道答案，没有直接证据能证明它们的存在。在最简单的弱电理论和大统一理论中，标量场的能量函数都过于陡峭，无法满足暴胀的条件。但是有一类理论，我们称之为超对称理论，其中就包括大量的具有平坦能量函数的标量场，目前最有可能成为基本自然理论的超弦理论就属于这一类。我们将在第15章中详细讨论超弦理论。

纳菲尔德研讨会

接下来的一幕发生在中世纪的大学城——剑桥。1982年夏天，应史蒂芬·霍金的邀请，来自世界各地的大约30名宇宙学家齐聚剑桥，参加了一个为期三周的关于极早期宇宙的研讨会，会议由纳菲尔德基金会资助。我有幸参会，霍金让我讲讲我最近关于宇宙弦的工作。

我立刻爱上了剑桥。一大早，我就起床，在古老学院的庭院里散步。哥特式的礼拜堂，钟楼，以及拥有简朴围墙、完美的方草坪和鲜艳花朵的小庭院，这些都是来自另一个更加充满思想的时代的遗迹。到了9点钟，我将回到现代，坐在会议室里等待学术报告的开始。谢天谢地，每天只有两场报告，上午一个，下午一个，其间留有大量时间进行非正式讨论。英式食物并不是这次旅行的亮点，但是英式啤酒就完全不一样了，许多晚上，我一边享用淡啤酒，一边和人讨论物理或者其他问题。

这次会议着重于宇宙学的最新进展，而暴胀理论则不可避免地占据了舞台中心。优雅退出问题已经得以解决，但是还存在另一个重要问题。

诚然，暴胀使宇宙变得平直而均匀，但是也许这样好过头了。在一个完全均匀同质的宇宙中，任何星系或者恒星都不可能形成。正如我们在第4章中所说的，星系是从密度的微小变异中发展而来的。这些原始的不均匀性——或者说密度扰动——的起源成了这次研讨会的中心议题。

在会议开始前不久，霍金写了一篇文章，提到一个非常有趣的想法。根据量子理论，所有物理系统的演化过程都不是完全确定的，而是会受到不可预测的量子冲击。因此，当标量场沿着能量函数滚下时，它会经历随机的反复冲击。在宇宙中的不同区域，冲击的方向不尽相同，因此，标量场到达能量函数底部的时间也会略有不同。在暴胀持续时间较长的区域，物质密度会略高一些。[①]霍金认为，由此所产生的微小的不均匀性导致了星系和星系团的形成。如果他是对的，那么这种通常只在微小的亚原子尺度才凸显出重要性的量子效应，竟导致了宇宙中最大尺度结构的形成！

当然，古斯对这一发现激动不已。它不仅仅解决了理论上的难点，还指出了通过观测验证暴胀理论的可能性，这真是振奋人心。密度扰动可以通过宇宙微波观测，并与理论预测进行比较。这一点至关重要！

---

① 暴胀结束之后，由于宇宙膨胀，物质密度将被稀释。因此，当较缓慢的区域终于结束暴胀的时候，那些快速结束暴胀的空间区域已经被稀释了。

计算暴胀过程中的密度不均匀性是一个非常棘手的技术问题。霍金的论文几乎没有对此给出任何细节，难以理解。因此，古斯与出生于韩国的物理学家皮瑞英联手，用一种他们都能理解的方法来计算这种扰动。当古斯动身参加纳菲尔德研讨会时，他们的工作尚未完成，古斯在到达剑桥后的头几天才完成计算。出乎意料的是，他的结果与霍金的大相径庭。古斯与霍金都计算出扰动取决于标量场能量函数的形貌，但在相关性上有所不同，古斯的计算得到的扰动强度大得多。

古斯与霍金讨论了此事，但是分歧仍未解决，霍金坚持自己的结果。午餐时，古斯向我转述了他和霍金的谈话，显得非常困惑。他不确定自己的答案是否正确，并表示需要重新检查计算中的某些步骤。

雪上加霜的是，另外一个小组也在研究相同的问题。保罗 · 斯坦哈特此前与另外两位美国宇宙学家——詹姆斯 · 巴丁（James Bardeen）和迈克尔 · 特纳（Michael Turner），合作计算了密度的不均匀性。他们的答案也和霍金的不同，但是这个答案要小得多！最后，还有一位苏联物理学家阿列克谢 · 斯塔罗宾斯基（Alexei Starobinsky），他也计划就密度扰动的问题发言，但是他没有和别人交流过结果，没人知道他将宣布什么样的结果。

斯塔罗宾斯基并不是宇宙学界的新人。其他的暂且不论，他在古斯之前一年发现了一种暴胀理论，这件事已经使他被大家所熟知。问题在于，他的发现源于一个错误的理由。他原以为他的发现可以消除初始奇点，然而实际上并不能。但他并没有意识到，他的发现可以解决视界问题和平直性问题。由于缺乏这种关键的洞察力，这一模型在当时并没有受到太多关注，但是现在，它被视为除林德、阿尔布雷希特和斯坦哈特之外的另一种可行的标量场模型。[2]

斯塔罗宾斯基被安排第一个发言。他的报告风格是典型的苏联物理学院派，这一风格可以追溯到它的创始人，诺贝尔物理学奖得主列夫·朗道。在朗道著名的每周研讨会上，报告开始时，朗道会预先设定报告人是个白痴，并且只有很少的机会能证明自己并非如此。所以，这个研讨会主要是“为朗道服务”，让他相信报告人知道自己在讲什么，却不用担心报告内容完全超出在场其他人的理解能力。现在，再加上俄语口音和严重的口吃，斯塔罗宾斯基的汇报令人难以理解，这一点儿也不奇怪。不过，当他结束汇报时，有一点很清楚：他发现存在很大的不均匀性，这非常接近古斯的计算结果。

第二天轮到霍金发言。这位传奇的物理学家患有卢伽雷氏症，即俗称的渐冻人症，自20世纪70年代初就坐在轮椅上了。如今他通过一个语音合成器与人交流，可以在电脑屏幕上的菜单中逐一地选择单词。开会时，他仍然可以发言，但已经非常勉强了。大多数人听不懂他在说什么，他的一名学生在报告中担任翻译。霍金的讲座遵循了他文章中的观点，但最后却出乎意料，计算的最后一步发生了变化，而结果也与古斯和斯塔罗宾斯基的计算结果相同！在与古斯交谈并听了斯塔罗宾斯基的报告之后，霍金一定在自己的计算中发现了一个错误，虽然他从未提及他纠正了自己论文中的一个错误，也没有提到斯塔罗宾斯基和古斯也得到了相同的结果。

纳菲尔德研讨会上的大多数报告都是关于暴胀的，尽管新理论振奋人心，但我觉得一下子接触这么多信息有点儿让人招架不住。其他关于早期宇宙的报告将是一种令人愉悦的调剂，在我关于宇宙弦的报告的开场，我就表达了这一观点（见图6.6）。弦是源于早期宇宙的炽热高能时代的线条状遗迹。就像一些粒子物理模型中预测的那样，它们是伪真空的细管。在我的报告中，我探讨了弦的形成及其可能的天体物理学效应。报告深受好评，之后我就得以落座，放松一下，观赏关于密度扰动的最后一场比赛。

图6.6 关于暴胀的报告太多了。这是我关于宇宙弦的报告的开场幻灯片

斯坦哈特和他的朋友们仍在坚持。他们关注于计算中的一些微小的细节，并拼命想要弄清楚。但是他们得到的答案仍然比霍金最初的结果小得多。

会议安排古斯在会议的第三周发言。他担心斯坦哈特及其同伙可能会使他难堪，因此利用一切机会回到自己的房间，检查计算过程。后来，古斯意识到，为了准备报告，他甚至错过了会议的晚宴。

尽管形势日益紧张，却并没有发生什么战斗。在古斯报告的前几天，斯坦哈特和他的合作者们承认了自己的失败。他们发现自己使用的近似值有一些错误，修改之后获得了和其他人一致的结果。古斯的报告进行得很顺利，他重申了之前取得的原始结果。因此，到研讨会结束时，参与其中的四个小组都达成了全面共识。

这场引人注目的比赛最后的惊喜，发生在研讨会结束很久之后。这些曾经的参赛者沮丧地发现，他们拼命想要解决的由量子效应引发的密度扰动问题，在他们决战剑桥的整整一年之前，就已经被解决了。解决方案由来自莫斯科列别杰夫研究所两位苏联物理学家共同发表，他们是斯拉瓦·穆哈诺夫①和根纳季·奇比索夫（Gennady Chibisov）。[3]他们基于斯塔罗宾斯基的暴胀模型计算出了扰动，但是结果与标量场模型的计算结果基本相同。阅读苏联的物理学期刊，你总是能发现一些有趣的东西！

* * *

计算最终得到了一个公式，描述了暴胀期间标量场滚下的过程中，由标量场的量子涨落导致的密度扰动的程度。扰动程度取决于能量函数的形状，也取决于扰动发生的区域的大小。宇宙中各种结构的尺度相差甚远，恒星的尺度比星系小得多，而星系又远小于星系团。在这些截然不同的尺度上，扰动的程度可能也大不相同。但是，根据我们得到的这个公式，所有的扰动都差不多，从最小到最大的宇宙结构，扰动幅度变化不会超过30%。

暴胀的扰动与尺度无关，这也不难理解。最初，量子冲击只影响到一个微小的空间区域内的标量场，但是随着宇宙的指数级膨胀，扰动会被拉伸到一个大得多的尺度上。暴胀期间，越早产生的扰动被拉伸的时间越长，涵盖的区域也越大。但是扰动的程度是由最初的量子冲击所决定的，因此，对于所有相关的尺度来说，这个数值几乎都是一样的。②

---

① 穆哈诺夫现就职于慕尼黑马克西米利安大学，他的照片见本书的第66页。

② 当标量场沿着能量函数缓慢地向下滚落时，量子冲击会变弱，由此产生的扰动也会变小。但是，由于标量场滚动得太慢，在它对所有的天体物理学尺度产生扰动的时间范围内，它不会移动太多。

密度扰动与尺度无关这一性质可以用于预测天空中宇宙微波辐射强度的变化，并最终检验暴胀理论。这样，关于宇宙早期的推测性的假说就变成了一个可以被验证的物理学理论。但实际上，又过了十年，暴胀理论才得到检验。

一夜成名的秘诀

一个新理论从产生到被大家普遍接受，就算不用几十年，至少也需要数年时间。物理学家可能会对一个美妙的想法表示欣赏，但只有当这个想法被实验或者天文观测证实之后，他们才会被说服从而接受这一理论。在宇宙学研究中尤其如此，观测天文学家总是很难跟上理论学家的想象力，大爆炸理论就是一个很好的例子。亚历山大·弗里德曼的论文直到他去世之后才引起重视，乔治·伽莫夫的研究工作在十多年间被完全忽视。这与暴胀理论被接受的过程形成了鲜明的对比!

古斯最初那篇论文发表之后的第一年里，就有近40篇关于这一新理论的论文发表。几年后，这一数字攀升至200，而在接下来的十年中，仍然保持着每年200篇左右的新论文数量。人们似乎都放弃了自己的研究方向，转而开始研究暴胀理论。

为什么暴胀能取得这样一鸣惊人的成功？部分要归功于社会学方面的原因。当时粒子物理学家们刚刚完成强相互作用与弱电相互作用的统一，有那么一小群人发现自己找不到什么事情做了。粒子物理学的各种新想法都与超高能量相关，但这些学说无法在现有的粒子加速器中得到验证，学科发展也因此停滞不前。唯一能将粒子加速到所需能量的加速器似乎只有大爆炸了，所以越来越多的粒子物理学家将目光转向宇宙学领域，将这里作为他们新理论的试验场。截至20世纪80年代初，从粒子物理学向宇宙学的大规模转移仍在进行。转移是为了开辟新的战场，找到一些有趣的问题来解决。

正是在这种背景下，古斯提出了他关于暴胀的想法，这正是物理学家们苦苦寻找的东西。古斯的理论尚不完备，而这一点恰恰帮了大忙。试想，如果你完全解决了一个重要问题，人们会对你的工作表示钦佩，但是并不会纷纷投身于此。与此相对，暴胀仅仅是一个理论框架，还有大量空白等待填补，这就为你和你的研究生们提供了大量的研究课题。

但是，排除掉社会学因素，暴胀理论的长期流行主要还是来自这种想法本身所具有的吸引力和影响力。从某种程度来说，暴胀理论类似于达尔文的进化论，它们都为原先被认为无法解释的事物提供了一种解释，因而大大拓展了科学探索的领域。此外，这两种理论提供的解释都极具说服力，而且从未有过其他合理的替代方案出现。

与进化论的另一个相似之处是，在古斯提出暴胀理论的时候，暴胀的想法其实已经存在了。[①]古斯的主要贡献在于，他清楚地意识到暴胀对什么有益，并且促进了优雅退出问题和其他一些问题的解决。

宇宙是一顿免费的午餐

到目前为止，我们假设了暴胀的起点是一个小小的封闭宇宙，其

---

① 苏联的叶拉斯特·格利纳（Erast Gliner）、斯塔罗宾斯基和林德，日本的佐藤胜彦，比利时的罗伯特·布鲁、弗朗索瓦·恩勒特和埃德加·贡齐格（Edgard Gunzig），他们都在考虑早期宇宙可能经历了一个指数级膨胀的时期。佐藤同样也意识到了优雅退出问题。

中有一个处于伪真空中的标量场，正位于自己能量函数的顶峰。但是这些前提假设并不是必需的。相反，我们可以假设一切起始于一个无限宇宙中的一小块伪真空，这样的开端仍然会导致暴胀，但方式有点儿出人意料。

前面提到，伪真空具有很大的张力，这是导致斥引力的原因。如果它充满整个空间，那么任何地方的张力都是一样的，而且除了影响引力之外，不会产生其他任何的物理影响。但如果它被真真空所环绕，伪真空内部的张力无法与任何外部力量相抗衡，就会导致伪真空区块的收缩。你也许会认为，张力可以和斥引力相抵消，但实际情况并非如此。

基于爱因斯坦广义相对论的分析表明，引力互斥是纯粹的内部作用。如果你手上有一小块伪真空，那么它旁边的物体不会像图 1.1 中所示的那样飞开，反而会被它所吸引。在伪真空之外，引力仍然是相吸的。因此，实际情况是，张力将导致伪真空区块的收缩，其内部的斥引力则倾向于让它扩张，但最终结果取决于伪真空区块的大小。

如果伪真空区块小于一定的临界尺寸，那么张力会获胜，区块会像一张被拉伸后放开的橡胶一样收缩。然后，在经历过几次振荡之后，伪真空分解成为基本粒子。

如果尺寸大于临界尺寸，那么斥引力获胜，伪真空开始膨胀，它会像吹气球一样使空间扭曲。图 6.7 描绘了球状伪真空区域情况下的这种效应。图中仅显示了两个空间维度，因此区域的球面边界用圆形表示。张力将边界向内、向球体的中心方向拉，导致伪真空体积的减小。但是，与伪真空内部的指数级扩张相比，这种减小完全可以忽略不计。

图6.7 一个膨胀中的伪真空气球（深色部分）通过“虫洞”与外部空间相连，而这个伪真空区域被外界视为黑洞

这个正在膨胀的伪真空气球通过一个狭窄的“虫洞”与外部空间相连。从外面看，这个虫洞会被视为一个黑洞，至于这个黑洞内部是否存在一个巨大的正在膨胀的宇宙，外部区域的观测者既无法证实也无法反驳这一点。同样，在这个膨胀的宇宙泡内部生存演化的观测者只能看见其中的很小一部分，而永远不会发现他们自己的宇宙有边界，更不会发现在他们的宇宙之外还有一个更大的宇宙。

既然这个伪真空球的命运很大程度上取决于它的半径是否大于临界值，那么知道临界半径的确切取值就非常重要了。这个取值取决于真空能量密度，能量密度越大，临界半径越小。对于弱电真空来说，这一数值是大约1毫米；而对于大统一真空，它的临界半径只有十万亿分之一毫米。这就是创造一个宇宙所需要的一切！这真是一顿完全免费的午餐。几乎如此……

第二部分

永恒暴胀

第7章 反引力石碑

如果可以倒流，它会更加令人印象深刻。

——奥斯卡·王尔德谈尼加拉瓜瀑布

在1980年那个周三哈佛大学的研讨会上我第一次听说暴胀理论之后不久，暴胀理论就成了我主要的研究对象。实际上，如果我有些神秘主义倾向，我或许会说我在古斯的报告之前就看到了一些征兆。在我工作的塔夫茨大学，就有一些线索指向了斥引力的观点。

坐落在平缓的山丘上，榆树林掩映中的塔夫茨校园流露出一派优雅和宁静。当你沿着阶梯爬上山丘，来到校园的中心，再走过一个外墙铺满常春藤的罗马式小教堂后，你或许会注意到一个奇特的纪念碑。它是一块高而厚的花岗岩板，竖直矗立着，就像一块古老的墓碑。它上面的铭文是："这座纪念碑由引力研究基金会创始人罗杰 · W. 巴布森（Roger W. Babson）树立。它旨在提醒学生当发现半绝缘体后将会到来的神恩：人们将能够驾驭引力，使之成为免费的能源，并减少飞机失事。1961。"这就是臭名昭著的反引力石碑，也是我命运的象征。

罗杰 · 巴布森还创立了巴布森学院，这是一所国际知名的商学院，他本人就是精明的商业判断和不着边际的科学思想可以和平共处的鲜活证据。他声称他对1929年的股市崩盘和随后的大萧条的预测是基于牛顿力学定律做出的。在牛顿的帮助下，罗杰 · 巴布森积聚了一大笔财富。为了感谢艾萨克爵士，他购买了牛顿在生前最后一段时光所居住的住所里的一个房间，以及一棵位于林肯郡的苹果树。这棵树的祖先正是传说中掉下苹果砸到树下的牛顿从而启发他发现万有引力定律的那棵苹果树。你或许已经猜到了，在巴布森的世界中，引力是最重要的主题。

巴布森对引力的执念可以追溯到他的童年时期。他的妹妹不慎溺水而死。巴布森将这次事故归咎于万有引力，并决心使人类摆脱致命的引力。巴布森在《引力——我们的头号敌人》一书中描述了利用绝缘体对抗引力的好处。它可以减轻飞机的重量并提高其速度，甚至还可以用于鞋底，以减轻步行时的重量。巴布森的挚友，著名的发明家托马斯·爱迪生曾向他提出，鸟类的皮肤中可能含有一些反引力物质，巴布森立即收集了大约5 000个鸟类标本。我们并不知道巴布森对那些标本做了什么，但显然这项研究并未带来任何突破。

值得赞扬的是，巴布森对引力的热衷并没有只挂在嘴上，他还投入了实实在在的金钱。他向包括塔夫茨在内的几所大学捐了款以促进反引力研究。捐款的唯一条件是在校园内竖立一个刻有巴布森铭文的纪念碑。

这个古怪的纪念碑为塔夫茨大学的管理人员带来了不少尴尬，并激起了学生搞恶作剧的兴趣。它会偶尔消失，然后在人们最不希望它出现的地方重新出现。有一次，这块石碑挡在了校长和校董会成员出席毕业典礼的通道上。还有一次，这块石碑仿佛永久失踪了，但是十年后又奇迹般地重新出现了。原来，是一群学生把它埋在了校园里的某个地方，然后在他们回到塔夫茨大学参加同学聚会时，他们又把它挖了出来。显然，这块石碑自身所受到的引力并不足以固定住它自己，因此最终校方用水泥把它固定在了地面上。

由于很少有科学家会声称他们计划研究反引力，因此巴布森的捐款其实很难获得。作为一名营养学家，校长让·迈耶（Jean Mayer）曾试图宣称减肥是反引力的，但遗憾的是他的言论并没有获得承认。经过多年的讨论和法律上的争辩，这笔钱最终被用于建立塔夫茨宇宙学研究所。

图7.1　欢欣鼓舞的维塔利·凡丘林博士在他的博士毕业典礼之后。他身旁是宇宙学研究所的成员们，从左到右依次为：拉里·福特（Larry Ford）、肯·奥卢姆（Ken Olum）和本书作者。照片由德利娅·佩尔洛夫（Delia Perlov）拍摄

像其他有自尊心的学术机构一样，我们研究所也有自己独特的仪式——宇宙学博士的“毕业典礼”。在通过论文答辩后，这位“新鲜出炉”的博士必须跪在反引力石碑前面，他的导师会将一个苹果砸在新博士的头上，随后新博士必须吃掉这个苹果。

宇宙学研究所成立时，巴布森已经去世很久了，他的引力研究

基金会已经发展成为一个享有盛誉的机构，为引力相关的研究提供资助。没有人会想到塔夫茨的宇宙学家会从事反引力研究，但奇怪的是，他们确实在研究这个听起来很奇怪的课题。研究所的许多研究都集中在伪真空及其斥引力上。这些真空当然可以被称为反引力的。因此，我认为我们利用这笔钱的方式应该会令巴布森先生满意。但遗憾的是，我们没能减少飞机事故的数量。

第8章 永恒暴胀

暴胀之前发生了什么？在我看来，最合理的答案就是：更多的暴胀。

——阿兰·古斯

视界之外的宇宙

我们现在的视界之外是什么？从暴胀理论诞生的初期，我就对这个问题深深着迷。如果我们只能看到宇宙的一小部分，那么宇宙的全景——就像宇航员乘坐飞船离开地球时看到的地球景象——是什么样的呢？

密度扰动理论为我们提供了一些线索。根据该理论，星系在空间中的分布模式是由暴胀期间标量场所经历的量子冲击所决定的。这是一个随机过程，所以某些和我们大小相同的空间中会有更多的星系，而另一些中星系的数量可能更少。我们的银河系之所以刚好呈现为现在这个状态，是因为此处的标量场受到了一个微小的冲击，偏离了真真空，从而得以比邻近星系更迟地完成从能量函数高处滚落的过程。这一过程导致了小范围内的密度增加，并随后演化为我们的银河系。在均匀的密度背景中，类似的小范围密度增加也导致了我们的邻居仙女星系以及视界内外其他无数星系的形成。这种对宇宙结构形成的描述表明，宇宙中最遥远的部分看起来和我们周围的太空差不多。但是我开始怀疑这幅画面中缺失了一些东西。

量子冲击的影响非常小，因为它们比驱动标量场沿着能量函数滚落的力要弱得多。这就解释了为什么不同位置的标量场会在大约相同的时间内到达任何一个能量函数底部，以及为什么只产生了很小的密度扰动。我曾经一直问自己：当标量场处于能量函数顶部斜率极小（即近乎平坦）的区域时，发生了什么？在那里，它应该任由量子扰动随机地推来推去。这样一来，由暴胀所产生的宇宙会比它最初出现时更加无序、更加不稳定。

为了描绘标量场在函数顶部的行为模式，我们将使用一个政治不正确但又很中肯的比喻。下面让我为大家介绍一位场先生，他喝了太多酒，正艰难地让自己保持站立。他几乎控制不了自己的双脚，也不知道要走到哪里去，因此他现在完全是随机地向左走或者向右走。如图8.1所示，场先生从山顶开始他的漫步。由于平均来讲，他向右走的次数和向左走的次数差不多，因此总体上移动得并不快。但是走了很多步之后，他还是会到达离山顶更远、更陡峭的山坡。在那里，他将不可避免地滑倒，最后仰面滑下山坡。

图8.1 场先生在平坦的山顶上随机行走，当他到达陡峭的山坡时就会滑下去

暴胀期间标量场的行为模式与之类似：标量场在能量函数顶部附近漫无目的地游荡，直到到达斜坡更为陡峭的部分，之后滚落至暴胀的终点。在能量函数顶部的平坦区域，场的变化由量子冲击引起，完全是随机的，沿着能量函数向下滚落的过程则是有序的、可预测的，其间量子冲击只能引起很小的扰动。两个连续的量子冲击之间的时间间隔大致等于暴胀的倍增时间。这表示，场先生每走一步需要花费一个倍增时间。而他在平坦的山顶上徘徊了很多步，这意味着伪真空衰变需要花费许多倍增时间。

场先生从山顶到山脚的那一串特定的脚步序列，表示标量场的一种可能的历程。但是标量场在不同地方所经历的量子冲击截然不同，因此它们的历程也将大相径庭。每一个量子冲击都会影响一个小的空间区域，它的大小差不多是光在一个暴胀倍增时间内所走过的距离，被称为一个“冲击跨距”（kickspan）[1]。我们可以想象，有一群像场先生这样的人，每个人都代表空间中某一点的标量场。当其中的两点同在一个冲击跨距之内时，它们将经历同样的量子冲击，因此相应的两个人就像是一对踢踏舞者，他们所有的步伐都是同步的。但在宇宙暴胀式膨胀的作用下，这两点被迅速拉开，当它们之间的距离大过一个冲击跨距时，相应的两个人就会分开，开始各自独立行走，即这两点的标量场值开始渐行渐远，与此同时，它们之间的距离因为暴胀继续迅速地增加。

在我们的可观测区域内，密度扰动很小，这告诉我们，当标量场

① 这是在暴胀的宇宙中，信息能够传递的最大距离，与一个伪真空区块暴胀所需的临界尺寸相同（见第6章）。对于弱电真空来说，这个数值是1毫米，但在大统一真空中它是10^{-13}毫米。这个尺度在暴胀宇宙中扮演着视界的角色，但是为了避免与现在的视界混淆，我使用了“冲击跨距”这个不同的术语。

沿着能量函数向下滚落时，这一区域内的所有点都处于彼此的冲击跨距内。这就是为什么量子冲击的影响非常小，以及所有地方的标量场都在差不多的时间内到达函数底部。但是如果我们能走得很远，远远超出我们的视界，我们就会看到与我们所处的宇宙完全不同的区域，在那里标量场可能还处于能量函数的顶部，它的经历也会和我们的全然不同。我想知道在这种超大尺度上的宇宙是什么样子。

想象一下，一大群欢乐的步行者从山顶出发，每个人代表宇宙中一个区域，这些区域之间相距甚远，因此他们都是各自独立地行走。如果山顶上平坦部分的长度是N步，那么一个普通的随机步行者平均大约需要N^2步来走过这段距离。这一群人中，大约一半会走得更快，而另一半会走得更慢。例如，如果这段距离是10步，那么平均来说，一个人需要随机行走100步才能走过去。因此，在走完100步之后，大约有一半的人已经滑到山脚，而另一半人还在享受漫步的乐趣。再走100步，山顶步行者的数量又会再减半，以此类推，直到最后一个人滑下山坡。

但是现在，这些步行者和他们所代表的暴胀区域之间有一个本质区别。当步行者在山顶附近徘徊时，相应的宇宙区域则会发生指数级的暴胀式膨胀。因此独立演化区域的数量也将迅速成倍增长。这样一来，就表示步行者的数量会随之成倍增长。随着我不断思考这些问题，整个画面渐渐成型。

永恒暴胀

从某种程度上说，暴胀的过程与细菌繁殖类似，它们都包含两个相互竞争的过程：细菌通过分裂来繁殖，偶尔也会被抗体破坏，最终结果取决于哪个过程更高效。如果细菌被消灭的速度比它们的繁殖速度快，它们将很快消亡殆尽。反之，如果繁殖速度更快，细菌则将迅速成倍增长（如图8.2所示）。

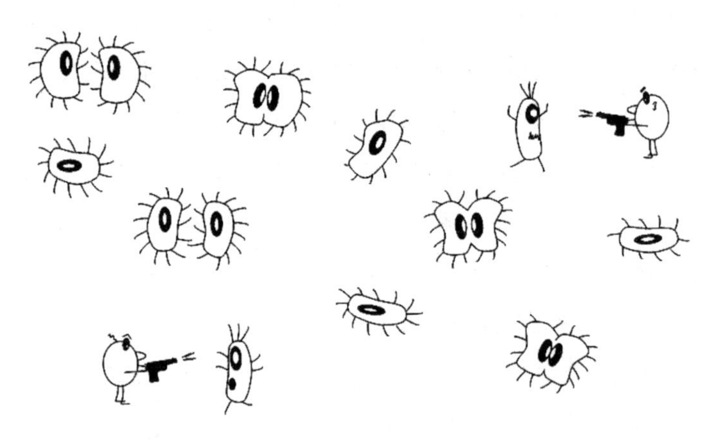

图8.2 如果细菌的繁殖速度比被消灭的速度快，那么其数量将迅速增加

对于暴胀而言，这两个对立的过程分别是伪真空衰变，以及它由于暴胀区域的迅速膨胀而导致的"繁殖"。衰变的效率可以用半衰期[①]来描述，即如果不膨胀，一半伪真空衰变所需的时间，在我们的随机行走的比喻中，这个时间是步行者数量减少一半所需的时间。另一方面，繁殖的效率可以用倍增时间来描述，即伪真空体积增加一倍所需的时间。如果半衰期比倍增时间短，那么伪真空体积会缩小，反之则会增加。

但从上一节的讨论中可以看出，伪真空的半衰期要比倍增时间长。其原因在于，在暴胀模型中，能量函数顶部相当平坦，需要走很

① "半衰期"这个术语借鉴了核物理学中的说法，它原指放射性物质样品中一半原子衰变所需的时间。

多步才能穿过。而既然随机行走中的每一步都表示一个暴胀倍增时间，那么伪真空的半衰期一定比倍增时间长得多。因此，伪真空区域的增长速度远远超出了它们衰变的速度。这意味着，整个宇宙中的暴胀永远不会结束，而暴胀区域的体积也将持续地无限增长！

此时此刻，宇宙中一些偏远区域充满了伪真空，并正在经历着指数级的暴胀式膨胀。而像我们这样暴胀已经结束的区域，也在源源不断地产生，它们在暴胀的海洋中形成了“宇宙岛”[①]。由于暴胀，宇宙岛之间的空间急速膨胀，为更多宇宙岛的形成提供了充足的空间。因此，暴胀是一个失控的过程，虽然在我们附近的空间中停止了，但它在宇宙中其他地方仍在继续，使那些区域疯狂膨胀，并不断催生出像我们这样的新的宇宙岛。

伪真空衰变所释放出的能量点燃了一个由基本粒子组成的炽热火球，并引发了氦的形成和标准大爆炸宇宙学的所有后续事件。因此，在这种情形下，暴胀结束的瞬间就扮演了大爆炸的角色。如果我们确认了这一点，那么就不应该认为大爆炸只发生过一次。在产生我们这个区域的大爆炸发生之前，宇宙中一些遥远的地方一定发生过多次大爆炸，而在未来的其他地方也会发生无数次。[②]

* * *

这个新的世界观在我的脑海中变得清晰起来之后，我就迫不及待

① 阿兰·古斯将这些宇宙岛称为“袖珍宇宙”。但是，正如萨斯坎德所指出的那样，这破坏了文章的整体风格。

② 为了避免混淆，从现在开始，我将使用“大爆炸”这个词来描述暴胀结束的阶段，而用“奇点”来描述无限曲率和无限密度的初始状态（或者说最终状态）。

地想和其他宇宙学家分享。谁会是我的第一个知己的最好人选呢？当然是暴胀先生本人：阿兰·古斯。他在麻省理工学院的办公室离塔夫茨只有20分钟车程，所以我直接开车去见了阿兰。

麻省理工学院拥有一个巨大的建筑集合体，我曾经多次在这里绝望地迷路。你可能正走在6号楼的三楼，然后突然发现自己已经到了16号楼的四楼。为了确保能够到达目的地，我决定采取最简单但是路线最长的方式：从正门进去。正门有一排古希腊科林斯式的圆柱以及一个绿色的穹顶。我沿着他们麻省理工学院自己人口中的“无限走廊”一路前行，爬上几层楼梯，终于来到了阿兰·古斯的办公室。

我向阿兰讲述了标量场随机行走的模型及其数学表述。但随后，当我正一步步揭开这幅全新的令人眩目的宇宙图景时，阿兰却开始打瞌睡了。许多年后，当我更加了解阿兰之后，我才知道他就是个很爱打瞌睡的家伙。我们为波士顿地区的宇宙学家组织了一系列联合学术研讨会，每次会议上，阿兰都会在报告开始的几分钟之后安然入睡。神奇的是，每当报告结束，他就会醒来，问出最深刻的问题。阿兰否认自己拥有什么超自然的能力，但是并不是每个人都相信他。所以，现在回想起来，我当时应该继续讲下去，但那时我还不知道他的超能力，于是匆匆忙忙离开了。

我从其他同事那里得到的反响也不那么热烈。他们说，物理学是一门观察性的科学，我们应该尽量避免提出不可能被观测结果证实的想法。我们无法观测到其他大爆炸，也看不见遥远的暴胀区域，它们全部位于我们的视界之外，那么我们又怎么能证明它们是真实存在的呢？我对这种冷淡的反响感到沮丧，于是决定将这项工作放进另外一篇不同主题的论文中，作为其中一个章节发表。我想，它可能不值得用一整篇论文来讨论。[1]

为了解释论文中永恒暴胀的概念，我用了一个醉汉在山顶附近徘徊的比喻。几个月后，我接到了编辑的来信，说我的论文被接收了，但是醉汉这个例子“并不适合《物理评论》这样的期刊”，我应该换一个更加恰当的比喻。我曾听说悉尼·科尔曼也有过类似的遭遇。他的论文里有一张图，看起来像一个带着弯曲小尾巴的圆圈，科尔曼称之为“蝌蚪图”。不出所料，编辑抱怨说这个词不恰当。“那好吧，”科尔曼回复道，“那我们就叫它精子图吧。”之后，论文的原始版本被接收了，没有别的意见。我曾经短暂地考虑过使用相同的策略，但是后来打消了这个念头，并完全删除了这个醉汉的比喻。我不想自找麻烦。

之后的近10年，我没有再进行永恒暴胀理论的研究。除了一件事……

永恒的一瞥

我继续从事其他方向的研究，有时甚至认为我对无法观测到的世界的这种奇怪癖好已经被治愈了。但事实上，窥视视界之外的宇宙的诱惑并没有消失。1986年，我再也按捺不住了，于是和我的研究生穆昆达·阿里亚尔（Mukunda Aryal）一起，开发了一个研究永恒暴胀宇宙的计算机模拟系统。

我没有写过一行计算机代码，写代码对我来说在技术上太难了。但是我相当了解计算机编程思维，这些年来，也指导过几个研究生的大型计算项目。由于我不会检查代码，而且即使会应该也不喜欢做这些，所以我一直对各种隐藏的危险保持警惕，总是抱着极大的怀疑心态看待运行结果。我让穆昆达反复检查代码，并且运行了一些简单的、结果已知的模拟计算。最终，当我确信一切正常之后，我们才开始转而进行实际运算。

我们从一小片伪真空区域出发，开始模拟计算，它在电脑屏幕上显示为一个浅色的正方形区域。过了一会儿，表示真真空宇宙岛的第一批黑点开始出现。随着这些宇宙岛的边界向暴胀的伪真空海洋推进，它们的尺寸迅速增大。但是暴胀的伪真空扩张得更快，因此宇宙岛之间的间隙越来越大，而在这些新生成的空间中又形成了新的宇宙岛。[2]

我们的模拟程序运行了一段时间之后，出现了这样的画面：大宇宙岛被一些较小的宇宙岛围绕着，后者又被一些更小的宇宙岛所围绕，以此类推，看起来像一个群岛的鸟瞰图。这种模式就是数学家们所说的分形。图8.3所示是一个类似的但是更加复杂的模拟计算结果，是我后来和我的学生维塔利·凡丘林以及瑟奇·维尼茨基（Serge Winitzki）共同开发的。

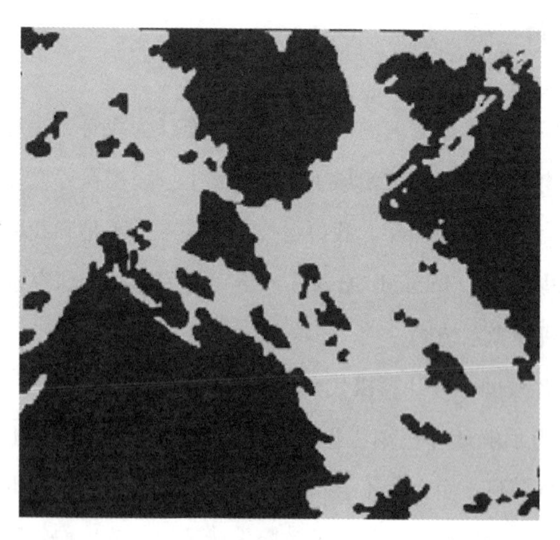

图8.3　一个永恒暴胀宇宙的模拟计算结果，显示了暴胀伪真空背景（浅色）中的宇宙岛（深色），其中面积越大的宇宙岛年龄也越大，因为它们需要用更多的时间增长

穆昆达和我在欧洲期刊《物理快报》上发表了我们的模拟结果。[3]我对于不可观测的宇宙的好奇心得到了满足，于是转而去做其他事情。与此同时，这个课题由安德烈·林德接手。

林德的混沌暴胀

林德是暴胀理论发展过程中的关键人物，他通过发明标量场的平坦的能量函数拯救了这个理论。从1983年开始，他就在发展宇宙始于原初混沌状态的观点。那个状态下，各处的标量场差别非常大。在其中的某些区域，它正好处于能量函数的顶部，这就是暴胀发生的地方。

林德意识到，标量场没必要从能量函数的最高处开始滚落，它也可以从斜坡上的某一点开始，事实上，能量函数也可能向上无限延伸，并没有一个最高点（如图8.4所示）。这种没有顶端的能量函数的底部存在一个真真空，但是并不存在一个位置明确的伪真空。伪真空的角色可以由函数斜面上的任意一点来代替，在那里标量场正巧处于最初的混沌状态，只要这个点足够高，有足够的时间来滚落，或者说暴胀就行。林德在一篇题为《混沌暴胀》的论文中阐述了这些观点。

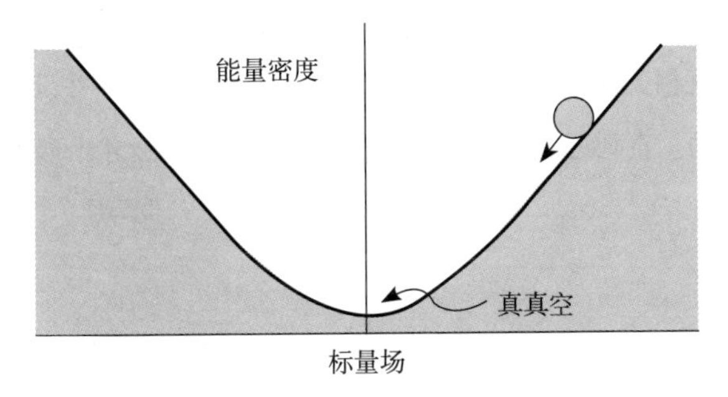

图8.4　标量场沿着没有顶端的能量函数滚落

几年后，林德研究了量子冲击在这种情况下对标量场的影响。出乎意料的是，他发现，就算能量函数没有一个平坦的顶部，它们同样也能够导致永恒暴胀。关键原因在于，能量函数越高的地方，所经受的量子冲击也越强，足以产生把能量场向上推动的倾向，抵抗函数斜面向下的力。因此，如果标量场从能量函数很高的地方开始滚落，它无须在意这个斜面，仍然可以像在平坦的山顶上那样随机行走。而当它徘徊到量子冲击较弱的低处时，就会有序地滚落到真真空区域。这个过程所需的时间要比暴胀的倍增时间长得多，因此暴胀区域的增长速度要比衰变速度更快，我们再次得到了永恒暴胀的结果。

在此，我想澄清一下这方面课题中令人困扰的术语混淆问题。经常有人把永恒暴胀与混沌暴胀混为一谈，但这两者迥然不同。“混沌”一词指的是一种混乱无序的初始态，这与暴胀的永恒属性无关。林德表明，混沌暴胀也可以是永恒的，但是二者之间的关联仅限于此。为清晰起见，在本书其余的部分，我将把讨论范围限定在原始的暴胀模型中，即拥有平坦顶部的、山丘状的能量函数。在没有顶端的能量函数中，永恒暴胀的情形是类似的。

林德关于永恒暴胀的论文是在我的论文发表三年后发表的，同样反响平平。[4]但是和我不一样，他坚持自己的信念，继续进行这方面的研究，并就相关课题做了许多次报告。然而，物理学界并没有被他的努力所感动。直到近20年之后，永恒暴胀研究的命运才出现了转机。

第9章 天空的晓谕

现在被证实的，曾经只是想象。

——威廉·布莱克

在1980年，暴胀理论只不过是阿兰·古斯提出的一种假说罢了。但是到了20世纪90年代末，暴胀理论已经被视为现代宇宙学理论的基石。这是因为一组观测数据的出现，以相当出人意料的方式证实了暴胀理论的推测。

宇宙学常数的回归

暴胀理论给出的最直观的预测是可观测的宇宙空间应该是平直的，遵守欧氏几何。整个宇宙很可能是球形的或者别的什么复杂形状，但是我们被视界局限在其中的一小部分以内，因此我们看到的宇宙空间与平直空间无异。正如我们在第4章中所讨论的，这一说法等价于于说宇宙的平均密度应当非常接近于临界密度。

在暴胀理论刚刚被提出时，天文学家普遍认为这一预测不太可能是真的。由质子、中子和电子组成的普通物质加起来只有临界密度的百分之几。当然，我们知道宇宙中还有大量由某些未知粒子所组成的所谓暗物质。顾名思义，暗物质无法直接被观测到，但是暗物质会和普通物质发生引力相互作用，并由此显露出踪迹。通过对恒星和星系运动方式的观测，人们发现暗物质的质量大约是普通物质的10倍。两者相加，宇宙总的密度大约是临界密度的30%，还是比预期低了70%。

直到1998年，两个独立的团队宣布了一个惊人的发现。[1]他们测量了遥远的星系中超新星爆发的亮度，并使用这些数据计算出了宇宙膨胀的历史。①令他们大吃一惊的是，他们发现宇宙膨胀的速度并没有因为物质间的引力而减慢，反而在不断加快。这一发现表明，宇宙中充满了一些具有斥引力的物质。最容易想到的可能性就是，真空并非空空如也，它可能具有一定的物质密度。②众所周知，真空是具有斥引力的，如果真空的密度大于物质的密度的一半，那么总的来看这个宇宙就是相互排斥的。

现在看来，爱因斯坦口中的宇宙学常数就是真空密度。爱因斯坦曾认为在他的公式里添加一项宇宙学常数是他一生所犯的最大的错误，这个概念在故纸堆里被埋了近70年。但现在看来，这并不是一个坏主意。我们将在本书的后面看到，宇宙学常数突然的回归给基本粒子物理学理论带来了深刻的危机，但对于暴胀理论来说这是一个非常好的进展。从宇宙膨胀的加速率估算出的真空密度约为临界密度的70%，这正是使宇宙变得平直所必需的！

后来，对宇宙微波背景辐射的观测也独立地证实了这一结论。微波观测并不是像弗里德曼那样在宇宙的几何结构及其密度之间建立关

---

① 我们可以通过超新星在地球上看起来的亮度来判断它和我们的距离，从而得知光到达此处花了多长时间，继而得知超新星爆发是何时发生的。光的红化（也就是多普勒红移）可以被用于分析当时宇宙膨胀的速度。第14章对此会有更详细的说明。

② 随后的章节中将会提到其他一些猜想。许多物理学家对致使宇宙加速膨胀的原因持不可知论的态度，并将元凶称为“暗能量”。

联，而是直接测量宇宙的几何结构。该方法实际上测量了一个巨大而细长的三角形的三个内角的和。这个三角形的一个顶点在地球上，而另外两个顶点则是从天空中两个相隔不远的方向向我们辐射微波的辐射源。（这个三角形较长的边的长度大约为400亿光年。）在平直空间中，三角形的内角和应为180度，就像几何课上学到的那样。三个角的和大于180度，就意味着我们的宇宙是一个基于球面几何的闭合的宇宙（见图9.1）；而如果小于180度，则指向一个遵守双曲几何（马鞍状）的开放的宇宙。微波观测表明，三个角的和非常接近180度，也就是说我们的空间非常平直。这一结果可以用弗里德曼的几何–密度关系重新转换为宇宙的密度。现在，最新的测量结果发现宇宙的密度的确等于临界密度，误差不超过2%，这是暴胀理论的惊人胜利。

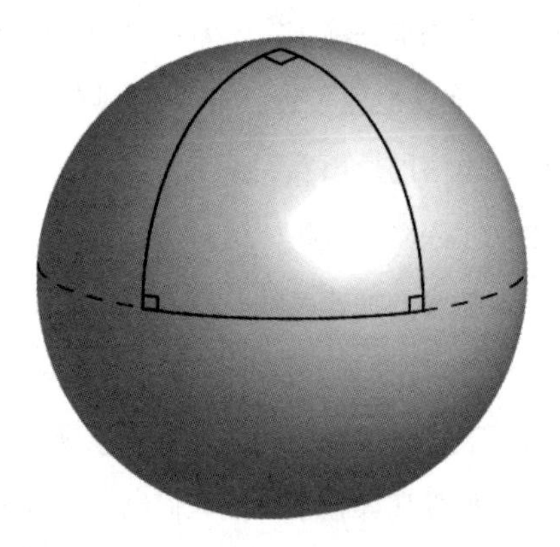

图9.1　在一个球状宇宙中，三角形的三个内角和大于180°。如图所示的三角形有三个直角，其内角和为270°

辉煌的过去

暴胀理论的另一个胜利是对微小密度扰动的解释。这些宇宙形成初期的小小的涟漪，最后演化成了星系。暴胀理论做出了一个富有洞察力的预测：从典型的星际尺度（大约几光年）到整个可观测宇宙的大小，在所有的尺度上，扰动的大小应该几乎相同。到20世纪90年代初期，观测天文学家已经准备好对该预测进行检验。

正如我们在第4章中讨论的那样，原初扰动在宇宙背景辐射上留下了痕迹。130多亿年前的宇宙大爆炸的余晖现在从天空的各个方向传到我们身边。自从20世纪60年代中期背景辐射被发现以来，宇宙学家们就意识到这种辐射中隐藏着早期宇宙的图景。但是，原初宇宙的不均匀性非常微小，大约只有十万分之一，以至于多年以来，我们的观测精度并不足以观测到它的存在，人们只能观察到完全均匀的背景辐射。这一困境在1992年得到了突破，宇宙背景探测器（COBE）卫星于当年发射。COBE探测了各个方向的辐射，绘制了全天的背景辐射图，并且首次识别出辐射强度的微小变化。

COBE得到的图像有点儿像失焦的照片：它捕获了早期宇宙火球的总体结构，但是缺乏更精细的细节，7度以下的变化就捕捉不到了。（月球看起来差不多有0.5度大，以供参照。）在此之后，人们做了一系列新的实验，以期获得更高精度的数据。最近的一次[①]是另一枚卫星的发射，它名叫威尔金森微波各向异性探测器（WMAP）。由其拍摄的微波波段的全天图（如图4.2所示），图像分辨率高达0.2度。它比COBE第一次探测到的图像的锐度要高30倍。

随着数据的逐步积累，原初扰动的模式逐渐显现出来。令人惊讶的是，它与暴胀理论的预测惊人地吻合。这些记载了炽热的早期宇宙的辐射在宇宙中穿梭了数十亿年，等待被发现和破译。现在，天空终

① 本书英文版出版于2006年。——编者注

于有机会讲出自己的故事了。

在未来的几年中，暴胀理论将面临一系列新的观测验证。物理学理论可以得到数据的支持，但是永远无法得到证明。而一旦有数据与该理论相左，它就将被证伪。例如，暴胀理论预测宇宙的密度应等于临界密度，两者间偏差应小于十万分之一。因此，如果将来的某个实验发现宇宙的密度与临界密度之间的偏差大于这个数字，那么暴胀理论将陷入困境。[2]

下一代微波背景辐射的测量包括将进一步提高图像分辨率的普朗克卫星①，以及地基的CLOVER天文台②。CLOVER将精确测量微波的电场方向，或者说偏振。微波偏振模式对引力波（即时空几何结构的微小振动）的存在与否非常敏感。这种效应可以用来检验暴胀理论给出的另一种预测：我们沉浸在波长范围极广的引力波中，其波长从小于太阳系的大小到最大的可观测尺度。[3]引力波的振幅是由伪真空能决定的，而伪真空能是导致宇宙暴胀的原因。真空能越高，引力波振幅越大。因此，如果CLOVER检测到引力波，我们应该能够推断出导致暴胀的伪真空能。[4]这将是我们理解暴胀与微观世界的物理学之间的联系的重要一步。

*　*　*

随着新观测数据的不断出现，我又想到了我那并没有受到重视的

---

① 这颗卫星以量子力学的奠基人之一马克斯·普朗克命名。他推导出了一个描述热辐射的能量如何在不同频率间分布的公式。这颗卫星计划于2007年发射。（该卫星实际于2009年发射，并于2013年顺利结束任务。——译者注）

② 建造CLOVER天文台的计划已于2009年被取消。——译者注

理论：永恒暴胀理论。主要的反对意见是，永恒暴胀理论探讨的是我们视界之外的宇宙，这是无法被观测证实的。但是，如果暴胀理论可以得到宇宙可观测的部分的数据的支持，我们是否可以相信其关于我们无法观测的部分的结论？

如果我将一块石头扔到一个黑洞中，我可以用广义相对论来描述它是如何向中心坠落的，以及它是如何被巨大的引力撕裂和蒸发的。这些都是从黑洞以外看不到的，因为光或任何其他信号都无法从黑洞内部逃逸。但是几乎没有人会质疑我的描述的准确性，因为我们有充足的理由相信广义相对论在黑洞内部和外部都一样适用。而现在，我们可以对暴胀理论做同样的延伸。我们应该尝试从这一理论中推导出尽可能多的东西，包括有关宇宙的宏伟构架——其起源和最终命运的内容。

第10章 无穷无尽的宇宙岛

即使把我关在一个果壳里，我也会把自己当作一个拥有着无限空间的君王。

——莎士比亚《哈姆雷特》

文明的未来

让我开始思索永恒暴胀的问题的，与其说是物理学，倒不如说是科幻小说。这关乎宇宙中智慧生命的未来。长远来看，任何文明的前景都很暗淡。即使一个文明从各种天灾人祸中幸存，它最终也会耗尽所有的能量。恒星终将死亡，任何其他的能量来源也终将枯竭。但现在，永恒暴胀模型似乎带来了一些希望。

我们附近的恒星的确会消失殆尽，但根据永恒暴胀理论，会有无穷多场大爆炸并产生无穷的新恒星。我们的可见区域只是一个宇宙岛的一小部分，迷失在伪真空的暴胀海洋中（见图8.3）。新的宇宙岛不断地在伪真空的海洋中诞生，带来无数的新恒星。事实上，恒星的形成过程将永远持续，即便在我们自己的宇宙岛中也是如此。

宇宙岛的边界不断地向伪真空海洋中推进。这种持续不断的前进由邻近的暴胀区域的伪真空衰变引起，因此，宇宙岛的边界也正是大爆炸正在发生的地方。[①]新形成的宇宙岛极其微小，但随着时间的流

① 如我们之前所谈到的，大爆炸被定义为暴胀的结束。

逝，它们会无限地膨胀。大型宇宙岛的中心部分非常古老，因此它们是黑暗和贫瘠的：所有的恒星早已死去，所有生命也随之消逝。但是它的边缘区域仍然是年轻的，且一定充斥着闪耀的星星。

高等文明可能想要派出特遣队去殖民他们所在的宇宙岛边界附近新形成的星系。如果不这样的话，他们至少可以向位于宇宙岛边缘或其他宇宙岛的新生文明发送消息。这些文明可以继续向下一代文明传递信息，并不断延续下去。如果我们这样做的话，我们可以成为一棵不断生长的“文明之树”上的一根树枝，我们所积累的智慧也不会完全丢失。

安德烈·林德在《暴胀之后的生命》[1]这篇论文中提出了上述设想。我想知道这些设想是否至少在理论上真的可行。林德从不同的角度分析了这个问题，但并没有给出明确的答案。事实上，宇宙某些地方的恒星比我们这里的恒星形成得更晚，并不一定意味着我们可以在那些星星熄灭之前到达那里。此外，根据爱因斯坦的理论我们知道，“早”和“晚”的概念并不是绝对的，而是取决于观测者。要探讨这个问题，我们必须了解永恒暴胀宇宙的时空结构。

我们在第2章中讨论过，相对论中的空间和时间统一为“时空”这一四维实体。时空中的一个点是一个事件，它有确定的位置和时刻。举例来说，假设你想参加两个活动。一个是你们在地球上的同学聚会，另一个是将在3年后的半人马座α星举办的星际超级弹跳球赛。已知半人马座α星距离地球约4光年，那么请问，这两个活动你可以都参加吗？

答案可以通过计算两个事件之间的时空间隔来得出。事件之间的时空间隔和空间中两点之间的距离类似。它的数学定义在这里对我们来说并不重要，重要的是时空间隔可以分为两种：类时和类空。如果一个物体能够在不违背相对论的基本原则，即运动速度不超过光速的情况下，从一个事件到达另一个事件，那么这个时间间隔就是类时的。[2]在这种情况下，所有的观测者对于两个事件发生的顺序都有相同的判断。而如果物体不可能从一个事件到达另一个事件（也就是说，它需要超光速运动才能赶上），这种时空间隔就是类空的，这两个事件之间也可能不存在因果关系。爱因斯坦指出，关于这些事件发生的先后顺序，不同的观测者会给出不同的答案，而且一定存在一个观测者能观测到它们同时发生。

在我们的半人马座α星的例子中，这个时空间隔被证明是类空的，所以你只能从两个活动中选一个参加。当然，在这个例子中，我们不用计算时空间隔就可以很容易地计算出答案。光在3年内只能走3光年，因此为了走完到半人马座α星4光年的距离，你必须比光速更快。而在永恒暴胀宇宙的弯曲的时空中，分析则会更加复杂，故而我们必须计算时空间隔。

一个宇宙岛的时空图示如图10.1所示。竖直方向表示时间，水平方向是三个空间维度之一，另外两个维度图中没有显示。每一条水平线都是某一时刻的宇宙快照。你可以从图底部标有“以前”的水平虚线开始，然后逐渐向上移动，以此追寻宇宙的历史。（最底下这条虚线所代表的时刻是时空暴胀的时候，那时宇宙岛尚未形成。）标记为“大爆炸”的粗实线是宇宙岛和时空暴胀部分的边界。黑色的星系标记的位置是我们此时此地的状态，白色星系标记的是与我们现在所处时空的条件相似的其他的时空区域。标记为“现在”的水平虚线表示当前时间。这张图片显示了这个宇宙岛贫瘠的中心区域，以及边界附近的恒星形成区域。

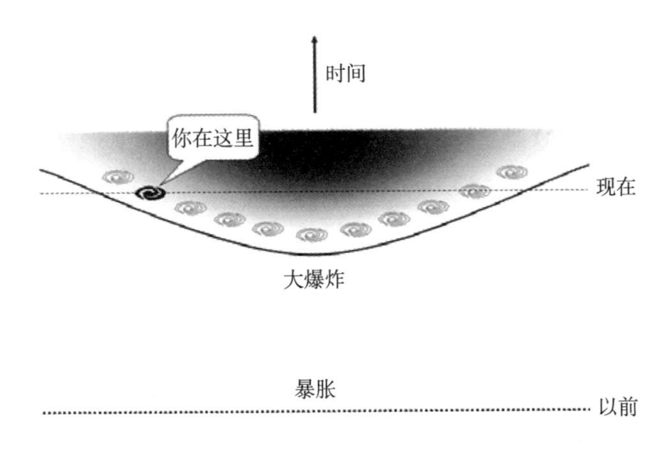

图10.1　一个宇宙岛的全局时空图

通过简单的计算我们可以发现，所有位于图中实线的大爆炸事件之间的时空间隔都是类空间隔。这个关键的发现给了我关于文明的未来的答案，同时也完全改变了我看待宇宙岛的方式。

类空间隔意味着你不能从一个大爆炸事件到达另一个大爆炸事件。换句话说，你无法追上宇宙岛不断膨胀的边界，因为它膨胀的速度超过了光速。因此，我们将永远无法到达暴胀之海的岸边，沐浴在从那里诞生的新恒星的光辉中。我们甚至不能向新恒星附近的未来文明发送任何信息，因为没有任何信号能比光传播得更快。令人遗憾的是，永恒暴胀似乎并不能对遥远未来的人类的境遇有任何助益。

你或许会困惑宇宙岛为什么会以超光速膨胀，这似乎与爱因斯坦理论中的禁止超越光速的概念相矛盾。实际上，这一禁令仅仅限制了物质（也包括光和引力波这样的辐射）不能以超光速相对另一物体运动。而宇宙岛的边界是一个几何概念，它没有任何质量或能量。

超光速的膨胀意味着接连发生的大爆炸之间并无因果关系。连续发生的大爆炸并不会像多米诺骨牌那样，一张牌的倒下引发了下一张牌的倒下。伪真空衰变的进程是由暴胀过程中产生的标量场的模式预先决定的。空间中场的变化非常平缓，因此邻近区域的伪真空几乎同时发生衰变。这就是为什么大爆炸会以如此快的速度连续发生，宇宙岛边界的扩张速度如此之快。

时间就是生命

神啊，我必须向你忏悔：我迄今仍不知时间为何物。

——奥古斯丁

我们说宇宙岛边缘的大爆炸发生得比宇宙岛中心区域的晚，这句话具体是什么意思呢？既然所有的大爆炸事件之间都是类空间隔，不同的观测者对这些事件发生的先后顺序也会观点不一。那么，我们应该听信谁呢？我们应该用谁的钟来计量大爆炸发生的时间呢？现在让我们停下来思考一下这个问题。虽然分析过程有些复杂，但是这个问题影响深远，花点儿时间搞清楚它是值得的。

首先让我们热热身，设想一个由弗里德曼模型描述的均匀的宇宙。均匀意味着物质在任何时刻都均匀地分布在空间中。这听起来并不复杂，但我们需要定义什么是“时刻”。

当宇宙学家谈论一个“时刻”时，他们指的是一大批分散在宇宙各处的、手持时钟的观测者。每个观测者都可以观测到自己附近的一小块区域，但是想要描述整个宇宙就需要所有观测者联合起来。我们自己也是一名观测者，我们的时钟现在显示的时间是宇宙大爆炸后140亿年。显然，在“同一时刻”，宇宙中另一名观测者手里的时钟也显示同一读数。不过，我们必须找到一种方法使得位于彼此视界之外的观测者们可以同步他们的时钟。

在根据弗里德曼的模型构建的宇宙中，答案是显而易见的：大爆炸是宇宙中时间的自然起源，所以每个观测者都可以从大爆炸开始计算时间。[①]如果这样定义“同一时刻”，那么不同观测者在同一时刻观测到的物质密度将会是一致的，因此宇宙是均匀的。

理论上，我们也可以想象一群各自使用不同的计时标准的观测者。例如，事件的起点可以是大爆炸前后的某个时刻，且时间差因为位置的不同而不同。这样的话宇宙看起来就会变得复杂且不均匀。当然，头脑正常的人都不会这样来计量时间。它徒然将事情变得复杂，并掩盖了弗里德曼宇宙的本质。但事情并不总是那么直观。

让我们回到永恒暴胀理论所描绘的宇宙。首先考虑一个大区域，比如图8.3中，一个包含数个宇宙岛和暴胀区域的大区域。我们很难找到一个显而易见的时间起始点。因此，一个“时刻”的定义具有很大的随意性，只要所有发生在“同一时刻”的事件之间的时空距离都是类空的就可以。一旦定义了开始计时的“时刻”，观测者们的时钟就设置好了，这片区域在其随后的时光里就有了时间的观念。如果我们将初始时刻选得足够早，早在这一整片区域还全是伪真空时，那么接下来就像我们在前一节中所讨论的那样，宇宙岛将出现并且扩张。不过，它们出现的顺序以及扩张的速度和模式可能会因初始时刻的不同选择而有所不同。

现在让我们把目光放在一个宇宙岛的内部，试着从这个宇宙岛内的居民的视角来描述它。这样的话情况就完全不同了。就像弗里德曼

---

① 观测者的运动状态也会影响时钟的读数。在弗里德曼的宇宙中，令观测者和他周围的星系或者物质粒子保持相对静止是最自然的选择。他们就是所谓的“共动”观测者。

的宇宙一样，现在时间的起源有了一个自然的选择。所有居住在这个宇宙岛中的观测者都可以以他们各自所在的位置发生大爆炸的时间作为时间的起点。换句话说，大爆炸可以被选为最初的“时刻”。这样的选择会带来一种全新的、彻底不同的宇宙图景。为了区分对大区域和对单一宇宙岛的描述，接下来我们将分别称之为全局视角和局域视角（或者内部视角）。

宇宙岛的局域视角如图10.2的时空图所示。大爆炸的瞬间照例用一条实曲线来表示。这条曲线上的每一点的物质密度都几乎是相同的，这是由衰变中的伪真空密度所决定的。因此，从局域视角来看，宇宙岛基本上是均匀同质的。在图10.2中，当前的时刻由标记为“现在”的虚线表示。这条虚线和星系的标志重合。这条线上所有的点附近的物质密度和恒星密度都和我们这个区域所观测到的相同。更令人瞩目的是，从宇宙岛内部来看，宇宙岛是无穷大的！

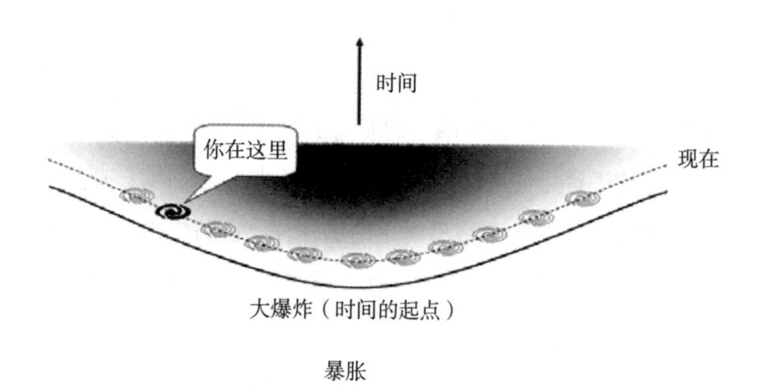

图10.2 宇宙岛时空的局域视角

从全局视角来看，宇宙岛是随着时间而膨胀的，随着新的大爆炸不断在它的边界处爆发，如果你等待足够长的时间，它会变得无穷大。但从局域视角来看，宇宙大爆炸是同时发生的，宇宙岛从一开始就是无穷大的。在图10.2中，代表大爆炸的实线并没有终点，而是无限延伸的。这条曲线的延伸对应着全局视角中更晚发生的大爆炸，也对应着局域视角中一开始离观测者距离更远的区域。这样，一个视角中时间上的无限持续就转化为另一视角中空间上的无限延伸。

宏观图景

现在让我们简要地总结一下我们所学到的关于永恒暴胀的知识。如果我们能够以某种方式从外面观测到正在永恒暴胀的宇宙，就像是从外太空观察地球表面一样，我们将看到许多宇宙岛在广袤且不断膨胀的伪真空海洋中星罗棋布。如果宇宙是闭合的，那么在我们面前展开的景象可能就像是一个地球仪，大陆和群岛被海洋包围着。[①]这个世界正以惊人的速度膨胀，宇宙岛也极其迅速地不断扩张，还有新的小宇宙岛出现并立即开始膨胀。随着时间的流逝，宇宙岛迅速增多，并且无止境地增长。在漫长的时间后，宇宙岛的数量将趋于无穷。

而像我们这样的宇宙岛内部的居民，则会看到一幅全然不同的画面。他们眼中的宇宙并不是一个有限的岛屿，而是一个独立的、无穷大的宇宙。宇宙和时空中正在暴胀的部分（即伪真空的海洋）的分界是大爆炸，发生在他们过去的某一时刻。我们之所以不能前往暴胀中的伪真空海洋，仅仅是因为我们不可能回到过去。

值得注意的是，包含所有无限大的宇宙岛的整个“主宇宙”可能是闭合的、大小有限的。这看似矛盾，实则不然，因为主宇宙和宇

---

① 当然，还是有一点区别的：闭合宇宙应该是一个三维球面，但是地球表面是二维的。

宙岛度量时间的方式不同。从全局时间来看，宇宙岛外侧的区域暂时还不存在，它将在无尽的未来慢慢形成；而在局域时间的描述中，整个宇宙岛都是一次同时形成的。永恒暴胀的闭合宇宙的时空结构如图10.3所示。

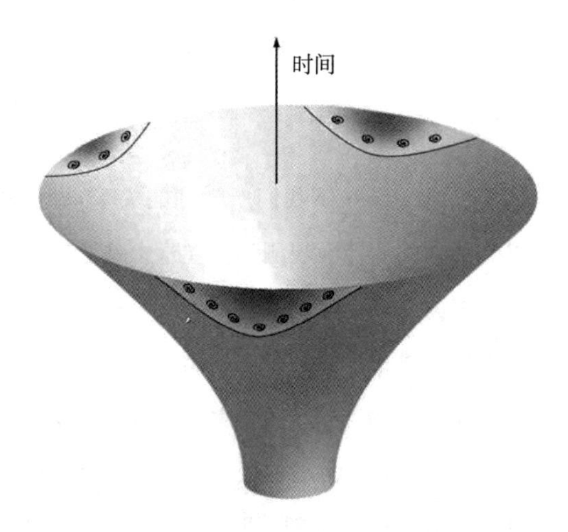

图10.3　一个一维的、闭合的且正处于永恒暴胀的宇宙的时空图。一开始（图的底部），这个宇宙中只有伪真空。随着时间流逝，到了图的顶端，一共出现了三个宇宙岛

从内部看，宇宙岛是无限大的。这一令人惊讶的特征是非常重要的：它随后引导我发现了一个结论，它或许是永恒暴胀理论最惊人的结论。

第11章 国王还活着！

难道所有可能发生的事情都已经发生了、完成了、过去了吗？

——弗里德里希·尼采

卡达克斯

2000年的夏天，我产生了一个最初的想法，此后它经常在我脑中重现，这使我有了一种强烈的与人分享的冲动。如果独自工作，当然功劳都是你一个人的，但是就少了很多与他人合作的乐趣。而且，如果有幸遇到一位出色的合作者，那么你将感受到真正的快乐。幸运的是，当时我的老朋友豪梅·加里加（Jaume Garriga）教授正巧也在城里。和他谈了我的想法之后，我俩一拍即合。

豪梅是一个声音轻柔、安静的人。他的话不多，但会坦率说出自己的想法。那次会面，他只说："这个想法很有市场价值。"这其实并不是一种肯定，他的意思是，这种想法对大众媒体比对物理学家更有吸引力。不过我可以看出来，豪梅被这种想法迷住了。他当时正准备出发回他位于加泰罗尼亚的老家，但是我们约好，在之后我访问他工作的巴塞罗那大学期间继续讨论。

两个月之后，豪梅与我和我妻子在巴塞罗那机场会面。我们的抵达时间是周末，因此在"正式"访问开始前有两天的空闲时间。我迫不及待地想继续我们的讨论，但是看起来豪梅已经替我把行程安排

图11.1　豪梅·加里加教授（照片由田中贵浩教授拍摄）

好了。车从机场驶往高速公路时，豪梅告诉我们，我们正驶向豪梅父亲的农场。他说："他们正在等我们回去吃饭。"我们驶过蒙特塞拉特山，山峦陡峭，红色的山体拔地而起，向北绵延不断，窗外的景色渐渐变成绿色的小山村。这样过了大约一个小时，我们到达了加里加的家族农场。

不可思议的是，这个家族已经在这片土地上耕作750多年了。他们的房子是一座典型的加泰罗尼亚农舍，看起来像一座小型的堡垒，上面还有一座塔，令人眼前一亮。我完全被它震撼了，早已把物理抛诸脑后。

晚餐在加里加家族用于聚会的宽敞大厅中举行。作为贵宾，我坐在一家之主的豪梅父亲旁边，他讲述了许多在这片土地上发生过的令人着迷的古代历史故事，同时一直为我斟满酒杯。晚饭快结束时，他向大家告辞后走出了大厅。豪梅解释道："他是要去叫奶牛回家。"奶牛不需要专人看守放牧，它们只需要一声提醒就能自己回家。

图11.2　家族农场里的童年豪梅（照片由安东尼·普拉茨拍摄）

晚餐后，豪梅的哥哥带我们爬上蜿蜒的楼梯，来到塔顶。每当出现危险状况，塔就会被用作瞭望台，守卫发现敌人之后会用火把向邻近农场的瞭望塔楼发出信号，能一直传到大约5英里（约8千米）外的驻扎在卡尔多纳城堡的公爵驻军眼里。我们从方形小窗向外望去，想看看有没有敌人出现，却发现太阳已经落山了，远处的奶牛正自己从牧场往家走。

第二天早上，我们离开农场，向北面的山里进发，目的地是一座叫作卡达克斯的沿海小村庄，那里是萨尔瓦多·达利的故乡。我妻子对达利的艺术十分着迷，她一直想去看看他度过了大半生的地方。此前我们每次到巴塞罗那，她都想去那里。但是我一到大学，就忙于处理物理学研究和其他同样重要的事情，无法分心，因此一直也没有成行。所以这一次，她说：“我们要在到巴塞罗那之前去卡达克斯。”

蜿蜒的羊肠小道穿过群山，紧贴着险峻的山坡，一路向下延伸到悬崖边，到达布拉瓦海岸的悬崖和幽静的蓝色海湾。我们进入村子时正值午后，地中海明亮的阳光照耀着海湾。粉刷成白色的房子沿着山坡紧紧排列着，错落有致地绵延到水边，山坡上方则是一座简朴又美丽的白色的乡村教堂。

我们对达利故居的造访出了一些意外。出发前的最后一刻，豪梅的妻子朱莉决定带着他们的小女儿克拉拉加入我们。但当我们进入博物馆时，克拉拉开始大声抗拒，所以最后，女士们进去参观，我和豪梅留在外面照顾婴儿。很快，我们便沉浸在对物理学难题的讨论中。而当我们的妻子参观完毕时，博物馆已经闭馆了，所以我并没有能看到人们津津乐道的达利故居。

图 11.3 《阿尔格港》（卡达克斯），萨尔瓦多 · 达利画作（版权所有方：达利基金会及纽约艺术家权利协会）

之后的整个下午，我们都在村庄里徘徊，一边漫步在卡达克斯狭窄的鹅卵石街道上，一边继续我们的讨论。新的宇宙图景逐渐形成，结果异乎寻常却又有些令人不安。

有限的选择

我们的讨论围绕着宇宙中的遥远区域，以及它们与我们比邻区域的差异展开。由于每个宇宙岛对于身处其中的居民来说都是无限大的，因此可以将其划分为无限多个区域，其中的每一个区域都和我们的可观测区域一样大。我们将其简称为“O区域”。

想象一下，无限的空间被许多个直径800亿光年的巨大球体充满，每一个球体就是一个O区域，随着宇宙的膨胀而膨胀。当然，在宇宙早期，它们的体积也比现在的小。所有这些O区域在宇宙大爆炸中（即暴胀结束时）看起来大体相同，但是在细节上存在差异。比如，由暴胀中的随机量子过程导致的小密度扰动在各个区域内就不相同。当这些扰动被引力放大之后，不同O区域的宏观特性就产生了差异。到星系形成的时候，尽管在统计层面这些O区域都非常相似，但是星系具体分布的细节却大为不同。再往后，生命和智慧生物的演化过程充满了偶然性，这也加大了不同O区域之间的细节差异。因此，我们可以预料到每个O区域都有自己独特的历史。

其中重要的一点是，在任何O区域，或者说任何有限大的系统中，不同构造的物质的数量都是有限的。有人会认为在系统中可以做出任意小的改动，从而产生无数种可能性，然而事实并非如此。

举例来说，我将椅子移动1厘米，就可以说我改变了我们这个O区域的状态。同时，我也可以移动0.9厘米、0.99厘米、0.999厘米……乃至无限接近1厘米。但问题是，由于量子力学中的不确定性，如果位移实在太短，原则上我们就区分不出来物体有没有经过位移了。

在经典的牛顿物理学中，一个物理系统的状态可以用其中所有粒子的确定的位置和速度来描述。但现在我们知道，这种描述方式只适用于宏观的、大型的物体，而且只是一种近似描述。在量子世界中，粒子是无法被精确定位的。

量子物理的核心是不确定性原理，由维尔纳·海森堡在1927年发现。该原理的主要结论是，一个粒子的位置和速度不能同时被精确测量。对位置的测量越精确，速度的不确定性就越大。如果位置完全被确定下来，那么速度就完全不确定。反之亦然，如果速度被精确测量，那么我们就完全无法知道这个粒子的位置。

海森堡对这种不确定性做了如下直观的解释。确认一个粒子位置的最简单的方法是用光照它，光波碰到粒子后散射向各个方向，其中一些被我们的眼睛或者测量仪器接收，那我们就能看到这个粒子在哪里。但是通过这种方法获得的粒子图像不会绝对清晰：由于尺寸小于光波长的细节部分无法被测量到，因此位置的精确度不可能超过光的波长。为了解决这个问题，我们可以使用波长更短的光，但是这时光的量子性也随之凸显了出来。光由光子组成，而光子的能量与波长成反比。因此，一个粒子被波长极短的光照射，等于是在被高能光子轰击，这会使得粒子受到一定的作用力，从而改变其速度。这种作用力就是不确定性的根源，我们要想使位置测量的精确度更高，就要使用波长更短的光，那么这种作用力对被观测粒子的速度的影响就会更大。

即使我们对粒子速度不感兴趣，只想知道它的位置，海森堡的论证也表明，为了更精确地定位粒子，我们不得不提供更高的能量。而现实世界中，任何物理系统的能量都是有限的，因此定位的精度也受到了限制。

由于无法确定粒子的精确位置，我们只能转而使用所谓的“粗粒描述”。假设我们所在的O区域被分成特定大小（如体积为1立方厘米）的立方单元，那么通过描述区域中每个粒子所占据的立方单元，就可以归纳出相应的粗粒状态。单元越小，所得到的描述就越精确。但是在小单元内定位粒子需要消耗大量能量，甚至有可能超出相应O区域内的所有可用能量，因此这种精确并不是无限度的。

显然，有限数量的粒子在有限数量的单元中的分布方式也是有限的，因此我们O区域内的物质也只能处于有限数量的特定状态内。这个数量，经粗略估计，大概是10的10^{90}次方，也就是1后面跟着10^{90}个零。这数字大得无法想象，但重要的是，它仍然是一个有限的数字。

到目前为止，一切都还正常。但有一个问题是，某些遥远的区域可能含有更多的物质和能量。宇宙暴胀期间，罕见的大型量子涨落可能会产生一些密度极高、充满高能粒子的区域。随着粒子数量及能量的增加，可能状态的数量也会增加。但是这也只在一定限度内。如果越来越多的能量被挤压进一个区域，那么该区域的引力就会随之增强，并最终形成黑洞。因此，引力为特定大小的区域内可能存在的状态数量设定了一个绝对约束，而不管区域内到底包含什么内容。

关于这个约束的具体数值目前仍在研究中。该研究于20世纪80年代由雅各布·贝肯斯坦（Jacob Bekenstein）发起，近年来随着超弦理论的发展，又由赫拉德·特霍夫特（Gerard’t Hooft）和伦纳德·萨斯坎德等人重新拾起。研究结果显示，某一区域内的最大状态数仅取决于其边界的表面积。对于一个O区域来说，这个数字是10的10^{123}次方，也就是1后面跟着10^{123}个零！[①]

统计历史

在一个O区域中，不仅可能状态的总数是有限的，它的可能历史的总数也是有限的。

“历史”是由一系列连续的时间节点上的状态所组成的序列。量子物理与经典物理对于可能历史的定义大相径庭。在量子世界中，“未来”并不由“过去”唯一决定，相同的初始状态可以导致许多种不同的结果，而我们只能计算出它们各自出现的概率。因此，“可能性”的范围显著扩大了。然而如前文所述，如果两段历史差别太小，量子物理中的不确定性原理会导致我们无法区分它们。

一个量子粒子通常不会有明确的历史。这并不出奇，我们从前文中已经知道，它也没有一个明确的位置。但是这里的不确定性并不简单等于无法确定一个粒子从激发到被探测之间的过程。实际情况更为怪异，这个粒子会同时经历多条路径，而所有路径的共同作用导致了最终的结果。

著名的双缝干涉实验（如图11.4所示）就充分展示了这种令人费解的行为方式。实验装置包括一个光源与一个成像屏幕，两者之间隔着一片不透明平板，上面开有两条相距很近的平行狭缝。光束从光源出发，穿过狭缝，在屏幕上形成干涉图像。该实验最早由英国物理学

---

① 这种约束并不适用于那些远大于宇宙视界的区域，它只能在一定程度上适用于一个与视界大小相当的O区域。

家托马斯·杨在19世纪初实现，他发现干涉图像呈现出明暗相间的平行条纹。屏幕上任意一点都同时从两条狭缝接收光波，在其中的某些点上，两列光波同相到达（即波峰遇上波峰，波谷遇上波谷），从而互相增强，被称为相长干涉；而在另外的一些点上，两列光波反相到达（即一列波的波峰与另一列波的波谷同时到达），两列波互相抵消，被称为相消干涉。这种干涉条纹可以用光的波动属性来解释。

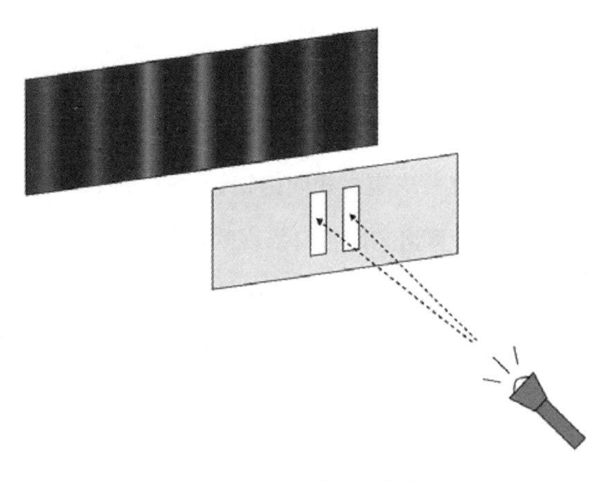

图11.4 双缝干涉实验

而当我们将光源强度减小，小到光子能够一个一个地从光源发出，这时怪异的情况就出现了。每个光子都会在屏幕上形成一个小点。实验初始阶段，这些点看起来杂乱无章；但是值得注意的是，实验进行一段时间后，屏幕上开始出现清晰的成像图样，而这种图样与上文提到的干涉条纹完全一致！实验中，光子是一个一个地到达屏幕的，因此在穿过狭缝后无法与从另一条狭缝穿过的光子发生相互作用。那么，它们是如何产生这种有规律的相长或者相消的呢？

为了深入追踪这种奇怪的行为模式，我们尝试迫使光子从其中一条狭缝通过，看看会发生什么。还是使用相同的实验装置，假设我们只放开一条狭缝，光照一段时间后遮住此狭缝，放开另一条并进行相同时间长度的照射，同时保持屏幕位置不变。在整个实验过程中，每个光子都独立通过仪器，这与前面双缝实验的情况一样，那么我们想必也会得到和双缝实验一样的图样吧？并不是。在这个实验中，没有产生明暗条纹，屏幕上只显示出两条狭缝的轮廓。

由此可见，我们此前的设想（每个光子只通过其中一条狭缝，其结果与另一条狭缝开关与否毫不相关）似乎出现了一些问题。当两条狭缝同时打开时，光子似乎能通过某种方式感知到这两种可能的历史，它们共同决定了光子到达屏幕上某个具体位置的概率。这种现象被称为历史间的量子干涉。

量子干涉并不像双缝实验这样显而易见，但是它影响了宇宙中每个粒子的行为方式。在移动过程中，粒子在两点之间打探到许多不同的路线，因此每个粒子经历的不是一条明确的故事线，而是一个杂乱无序的相干历史网络。

那么话说回来，我们要怎样确定某些事件确实发生过呢？我们要怎样理解“历史”这个概念呢？答案又一次落在粗粒描述上面。

和前文一样，我们将空间分为许多小单元，并通过为所有粒子指定其单元定位来得出体系（这个例子中即O区域）的粗粒状态。一个粗粒历史则是由一系列间隔规律的时间点（比如说每隔两秒）上的粗粒状态所构成的序列。那么现在问题的关键是，只有历史之间的距离足够近，它们之间的干涉影响才会足够强。如果我们增加空间单元尺寸和时间间隔，那么不同的粗粒历史之间的距离就会更远，远到一定程度，它们之间的干涉就可以忽略不计。在这种情况下，我们才可以就体系的另类历史开展有意义的讨论。

基于另类粗粒历史的量子力学形式的发展相对较晚，于20世纪90

年代初由罗伯特·格里菲斯（Robert Griffiths）、罗兰·翁内斯（Roland Omnes）、詹姆斯·哈特尔与默里·盖尔曼共同提出。他们发现，为了符合特定历史进程，空间单元的最小尺度通常是微观尺度，而最小时间间隔则远小于一秒。因此，历史在人类所处的宏观世界中是一个定义明确的概念，也是自然而然的事了。

粗粒历史以有限的时间步长进行着，任何有限时间跨度内的历史都一定包含着有限数量的时刻，而在每一个时刻，系统都只会处于有限数量的状态中。因此，该系统历史的总数也必须是有限的。

豪梅和我粗略估算了一下从宇宙大爆炸到现在，一个O区域中的可能历史的总数。不出所料，我们又得到了一个大得惊人[①]的数字：10的10^{150}次方。一个O区域中的量子态或者历史的具体数量其实并不是特别重要，但这些数字的有限性具有深远影响，这正是我们现在要讨论的。

历史重演

现在让我们盘点一下当前的情况。从宇宙暴胀理论我们知道，宇宙岛内部是无限大的，因此每个宇宙岛内都包含无限多个O区域。而从量子力学出发，我们知道，在任何一个O区域内，只有有限数量的历史可以开展。综合考虑这两点，必然会得出这样一个结论：每一段历史都会重演无数次。根据量子力学，任何没有被守恒定律严格禁止的事情都有可能发生，而任何有可能发生的历史都一定会在O区域内

① 英文原书中使用了单词googolplexic来描述这种惊人的庞大，该词来源于googolplex，意思是10的10^{100}次方。——译者注

发生，或者更准确地说，已经发生过无数次了！

在这些无限重复的剧本中有一些非常怪诞的历史。比如，一颗类似于地球的行星会突然坍缩形成黑洞，或者发出巨大的辐射脉冲并跳到另一条更接近中心恒星的轨道上。当然这种情况发生的概率极小，但这也仅仅意味着必须搜寻极大量的O区域才能找到一例，而不是绝对找不到。

这样一幅世界新图景的一个明显结论就是，宇宙中会有无穷多个与我们的所有历史进程完全一样的区域。是的，亲爱的读者，宇宙中有几十个你的副本也正同样拿着这本书，他们居住的行星与地球毫无二致，上面所有的山川、城市、草木，甚至蝴蝶都一模一样。这些地球们各自围绕相同的太阳们旋转，每一个太阳都属于一个宏伟的星系，当然，这些星系们也同样精确复制了我们的银河系。

这些居住着我们的副本的地球们离我们有多远呢？我们已经知道，我们O区域中的物质可能采取的状态有10的10^{90}次方种。假设有一个盒子，里面含有10的10^{100}次方个O区域，那么所有的可能性都足以在其中发生，还会有大量富余。大致上，这样一个盒子的空间跨度应该有10的10^{100}次方光年。而在更大的尺度上，包含我们在内的所有O区域都会重复出现。

当然，也会有一些区域的历史与我们的不同，它们经历了所有可能的变数。当尤里乌斯·恺撒和他的军团站在卢比孔河岸边时，他知道自己将做出一个重大决定，因为过河就等于叛国，而且今后再不可能回头。“骰子已经掷出！”他随后命令部队义无反顾地前进。骰子确实被掷出了：在某些地球上，恺撒后来成为罗马的独裁者；而同时在另一些地球上，他被击败、被审判，最后被处决，成为国家的敌人。当然，在其他大多数地球上，根本不存在这样一位恺撒，而宇宙中大多数地方也根本没有像我们这样的地球，因为有更多的可能性足以让世界变得完全不同。

这种对于世界的超现实主义理解起源于那个萨尔瓦多·达利的灵魂时常出没的小镇，可以说是很合适了。与达利的画作一样，它在可辨的现实中融入了各种怪诞和噩梦，然而这又是宇宙暴胀的一个直接后果。豪梅和我写了一篇论文来描述这种新的世界观，并提交给顶尖的物理学期刊《物理评论》。我们本以为文章很可能因为“过于哲学化”而被拒，结果它被直接接收了。在论文末尾的讨论章节，我们写道：

> O区域中包含所有可能的历史，其中有一些与我们的完全相同或者大体相同。它们的存在具有一些令人不安的潜在影响。每当想到可能发生一些可怕的灾难，那么你就能确定它已经在某些O区域中发生过了。如果你从一次事故中勉强脱身，那么在另一些区域的同样历史中你可能就没有这么幸运了。……积极的一方面是……一些读者会很高兴地得知，在无限多的O区域中，阿尔·戈尔①当选了总统，而且，是的，猫王还活着！[1]

正如豪梅所预料的那样，媒体立刻对我们的论文做出了反应，英国杂志《新科学家》在随后出版的一期中即以《国王还活着！》为题发表了关于我们论文的评论。

---

① 我们的论文写于2001年，就在那届充满争议的美国总统大选结束之后，那次乔治·布什以微弱的优势战胜了阿尔·戈尔。

还有什么新鲜事?

后来我们了解到，宇宙中分布着我们自己的许多个克隆体这一想法其实是有一些渊源的。著名的苏联物理学家安德烈·萨哈罗夫（Andrei Sakharov）在1975年诺贝尔和平奖的演讲中就表达了类似的观点。他说:“无限的空间中必然存在许多文明，其中可能有一些比我们更智慧、更成功。宇宙的发展在其基本特征上被重复了无数次。我支持这种宇宙学假说。”[2]

有些人认为，在一个无限宇宙中，任何事情都会发生，这是不言自明的。然而这一说法并不正确。比如，奇数数列1，3，5，7，……就是一个无限数列，但是并不包含所有的数字，因为其中没有任何一个偶数。同样，空间的无限性本身并不能保证所有的可能性都会在宇宙中实现。但是同一个星系却可以在无限空间中无休止地重复下去。

南非物理学家乔治·埃利斯（George Ellis）和G. 布伦德里特（G. Brundrit）也认识到了这一点。[3]他们假设宇宙是无限的，并认为宇宙中应该包含无数个与地球非常相似的地方。不过，他们的分析基于经典物理，因此只能主张说这些地球彼此相似，但与我们的地球并不完全相同。此外，他们还假设在每一个O区域内宇宙的初始状态均为随机取值，这样所有可能的初始状态才会在无限空间中全部实现。因此，我们的克隆体的存在与否并不是确定的，而是取决于空间无限性和宇宙随机穷尽这两条假设。

相比之下，在永恒暴胀中，这些并不需要作为独立假设来引入。其理论基础在于，宇宙岛的数目是无限的，大爆炸的初始条件也是由暴胀中的随机量子过程所决定的。从这两个理论出发，必然能得到我们的克隆体存在这样的结果。

“是”的含义

> 这取决于“是”一词的含义是什么。
>
> ——比尔·克林顿

多元宇宙或者平行宇宙的概念在另一个完全不同的情境下也被讨论过。你也许听说过量子力学的多世界诠释，即宇宙不断地分裂成许多个自己的复制品，在这些不同的复制宇宙内部，每个量子过程的所有可能结果都能实现。这听上去与永恒暴胀理论类似，但实际上是完全不同的两种理论。为了确保这两者不会被混淆，现在让我们绕个道，进入多世界诠释的世界。

量子力学是一种被现实成功验证了的理论，解释了原子的结构、固体的电性能与热性能、核反应和超导性。物理学家们对它充满信心并全然依赖。然而，该理论的基础是出了名的深奥难懂，关于它的诠释仍然充满争论。

其中最具争议性的话题是量子力学概率的本质。由尼尔斯·玻尔及其追随者提出的哥本哈根诠释认为，量子世界本质上是不可预测的。根据玻尔的说法，除非亲身测量，否则诸如“一个量子粒子在哪里”这样的问题是毫无意义的。测量的各个可能结果出现的概率可以通过量子力学法则计算出来。而事实看上去却像是在测量进行的最后一刻，粒子自己“拿定了主意”跳到某个特定位置上去。

20世纪50年代，休·埃弗里特三世（Hugh Everett Ⅲ）在他于普林斯顿拿到学位的博士论文中提出了另一种诠释。他认为每一个量子过程的每一种可能结果实际上都被实现了，但是它们发生在不同的平行宇宙中。每进行一次粒子位置的测量，宇宙就会分裂出无数个自己的复制品，在不同的宇宙中，粒子可以处在所有可能的地方。宇宙分裂的过程是十分确定的，但是我们无法确定自己所在的是分裂出的千千万个复制宇宙中的哪一个。因此，我们的测量结果仍然受制于概率论。而埃弗里特指出，该诠释产生的所有概率结果都与使用哥本哈根诠释得出的结果完全一致。[4]

鉴于选择哪种诠释对理论预测或结果没有任何影响，大多数物理学家选择对量子力学的基础采取不可知论的态度，他们并不操心这个问题。用粒子物理学家伊西多尔·拉比（Isidor Rabi）的话来说，“量子力学只是一种算法，而我们只管使用。只要它有效，那就不用担心”。[5]这种“闭上嘴，只管算”[6]的态度一直没出什么问题，但在将量子力学应用于整个宇宙的量子宇宙学领域，它就不管用了。“正统的”哥本哈根诠释要求存在一个外部观测者对系统进行测量，但宇宙外部不可能存在观测者。因此，宇宙学家们更倾向于多世界诠释。

埃弗里特和他的部分追随者坚信所有的平行宇宙都是同样真实的，但是也有一些人认为只有一个真实宇宙，其他的都仅仅是一种可能的存在。①争论的焦点也许只是纯粹的语义问题，当人们提到“独立于我们这个宇宙的其他平行宇宙”时，他们的这句话究竟是什么含义？就像克林顿总统在谈到另一事件时说的：“这取决于‘是’一词的含义是什么。”[7]平行宇宙之间就像平行线一样永远不会有交点，它们各自在时间和空间中独立发展，无法与我们的宇宙有任何交汇。那么，我们如何确定它们到底是真实的，还是仅仅是一种可能的存在呢？②

在这里我要强调一点，所有这些讨论都不影响我在本章前文中所

---

① 后一种观点与哥本哈根诠释的图景类似，但是它不要求外部观测者的存在。

② 稍后，我们将在第17章中看到，可能的确存在一个很好的理由，足以使我们相信存在着与我们完全没有关系的宇宙。

描述的永恒暴胀理论的世界观。如果采用多世界诠释，那么就会有一个由平行的永恒暴胀宇宙所组成的集合，其中每个宇宙都有无限多个O区域。这种新的世界观适用于集合中的每一个宇宙。

此外，与平行世界不同的是，我们之外的其他O区域无疑都是真实存在的，它们与我们都处在相同的时空中。如果时间充裕，我们甚至可以前往其他O区域，亲自比较我们和它们的历史。①

一些出路

毫无疑问，许多读者都会想：我们真的必须相信这些关于克隆人的胡言乱语吗？有没有办法避开这些奇谈怪论？如果你完全不能接受遥远星系中的另一个你是个反对派或者异教徒，如果你愿意抓住任何一根救命稻草来避免这些问题，那么让我给你几根稻草好了。

首先，暴胀理论总有可能是错的。宇宙暴胀的概念非常有说服力，观测结果也令人振奋，然而这一理论的根基并不像爱因斯坦的相对论一样牢固。

即使我们的宇宙是暴胀的产物，宇宙暴胀也不一定是永恒的。不过，要做到这一点，必须对理论进行进一步修饰。为了避免永恒暴胀，标量场的能量函数也需要再专门设计。[8]

这两个选项似乎都没有什么吸引力。到目前为止，暴胀理论是我们对宇宙大爆炸的最好解释。如果我们接受这一理论，并拒绝通过添

① 如果可观测宇宙加速膨胀是由一个恒定的真空能引起的，那么我们在O区域间的穿梭旅行就会受到阻碍。在这种情况下，其他O区域中的星系将会继续加速运动，而我们将永远无法赶上它们。然而，某些模型预测，真空能会像它在宇宙暴胀中表现的那样逐渐减弱。那么，原则上，就没有什么能限制我们走多远。

加任何专门的、不必要的内容来毁坏它，那么我们别无选择，不管喜不喜欢，只能接受永恒暴胀理论以及它所带来的所有后果。

告别唯一性

在古代，我们人类是宇宙的中心。天空离我们不远，上至国运兴衰，下至个人吉凶，都可以从天穹上恒星与行星的运行轨迹中解读出来。随着哥白尼提出日心说，人类开始逐渐从舞台中央走向边缘，直至20世纪末完全退出。不仅地球不再是太阳系的中心，太阳本身也仅仅是一颗处于典型星系外围的普通恒星。然而，我们仍然可以坚信，地球是一颗非常特别的星球，它是唯一拥有我们这样特殊的生命形式的行星，我们人类文明，它的艺术、文化、历史在整个宇宙中都是独一无二的。人们也许会认为，仅仅这一点，就足以让我们将这颗小小的行星视若珍宝。

但是现在，我们连这最后一点唯一性也失去了。在从永恒暴胀理论得出的世界观中，我们的地球和我们的文明根本不是独一无二的，而是恰恰相反，有无数相同的文明分散在广阔无垠的宇宙中。人类在宇宙中彻彻底底地微不足道，现在可以说，我们完全退出了世界中心。[9]

第三部分

平庸原理

第12章 宇宙学常数问题

物理学史上，很少有比这更不准确的理论估算了。

——拉里·阿博特（Larry Abbott）

真空能量危机

物理学家所遇到的最神秘的物体是真空，而真空最惊人的秘密在于它的能量来源。必须澄清一点，这里我所说的并不是暴胀宇宙学中的高能伪真空，事实上伪真空的物理本质相对来说反倒比较清楚。在这里，我所谈及的神秘物体是我们正居于其中的普普通通的真真空。

从空间中去除所有的粒子和辐射后，就得到了真空。对于经典物理学家来说，它只是一个空无一物的空间，没什么可说的。但是在量子力学中，真空中充满了狂热的躁动。

以电磁辐射为例，它由光子，即小块的电磁能量组成。假设你有一盒纯真空，里面已经被彻底清扫过，保证没留下一个光子或者其他任意粒子，那么你可能会认为盒内的电场和磁场现在应该严格等于零了。但事实并非如此，量子真空不会静止不动。就像暴胀中的标量场一样，此时真空盒中的电场和磁场仍在经历随机冲击，或者说量子涨落。

如果你想测量盒子里的磁场，测量结果将取决于测量装置的大小。假设你使用的是一台相当大的仪器，能够探测1厘米范围内的磁场，那么你会得到不到一亿分之一高斯的磁感强度（为了正确认识这个数字，请记住地球表面的磁感强度约为1高斯）。1纳秒[①]之后，磁场方向将完全不同，而磁感强度也将会是零到一亿分之一高斯之间的任意一个数。为了探测磁场的快速波动，测量也必须进行得非常迅速。如果测量时间超过1纳秒，那你只能得到磁感强度的平均值，而这个平均值非常接近于零。

如果将仪器的探测范围缩小至1毫米，那么测得的磁感强度将增强至100倍，同时磁场波动频率也将加快到10倍。如果继续缩小探测范围，测量结果也将会以同样的比例变化，测量距离每缩小到十分之一，测得的波动振幅（即最大磁感强度）就会增强100倍，而波动频率将增加10倍。到了原子尺度上，磁场涨落可高达千万高斯，并且每秒变化10^{17}次方向。

目前我们对这些巨大的磁场还不甚了解，原因就是它们从一个位置点到另一个位置点、从某一时刻到下一时刻的变化实在是太快了。当我们用指南针测量磁场时，指南针所能反映的磁场范围大致与指针长度一致，能测得的磁场变化速率也取决于指针发生明显偏转所需的时间（比如0.1秒）。在这种相对宏观的尺度上，量子涨落的影响完全可以忽略不计。[1]

到此为止都没有问题，但是当我们考虑涨落过程中的能量时，问题就出现了。磁场的能量密度只取决于磁感强度大小，而与方向无关。因此，即使磁场来回波动，它的能量密度的平均值也不会为零。在越小的尺度范围内，巨大的、快速涨落的磁场所产生的能量密度就越大。这就是问题所在。当我们在越来越小的尺度范围内考虑涨落

① 1纳秒就是十亿分之一秒。

时，相应的能量密度却在不断增长，而且没有上限。由此就得到了一个荒谬的结论：真空的能量密度是无限大的！我们的理论显然出了一些问题。那么接下来，让我们试着找找原因，看看如何能避免这一离奇的结论。

当我们允许涨落在任意小的尺度上发生时，能量密度会达到无限大。但是也许尺度范围会有一个下限，来限制能量密度的上限。在超级小的距离内，时间和空间的几何特性也会受到量子涨落的巨大影响。和上文说到的电磁学的例子一样，距离尺度越小，涨落就越大，而在一个临界距离（被称为普朗克长度）内，时空就变成了一种无序的、泡沫状的结构，整个空间扭曲变形，互相分离的空间小泡出现又破裂，还有许多柄状结构或者隧道结构不断产生又随即消失（如图12.1所示）。普朗克长度小得令人难以置信，仅为一厘米的十亿亿亿亿分之一，即10^{-35}米。但是在更大的尺度上，空间又重新变得平滑，时空泡沫已不可见，就像从远处观察大海时看不到海面上的泡沫一样。

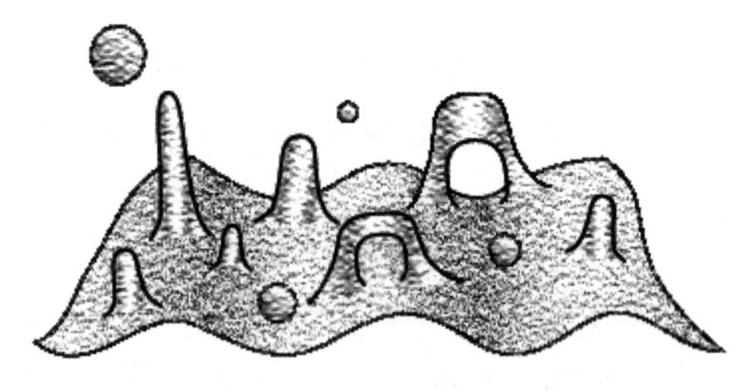

图12.1 时空泡沫

时空性质的剧烈变化也许可以抑制失控的电磁涨落。关于这一点我们并不能完全确定，因为时空泡沫的物理本质尚未被研究清楚。但即使在最好的情况下，当涨落发生在比普朗克长度大的尺度上时，就没有什么可以抑制它了。据估计，这种涨落所造成的能量密度能达到 10^{88} 吨每立方厘米，这是一个惊人的数字，甚至远远高于大统一真空中的能量密度！

真真空的能量密度就是爱因斯坦所说的宇宙学常数。如果这个数字真的大到异乎寻常，那么宇宙现在就会处于一个爆炸性的膨胀状态中。而目前所观测到的宇宙膨胀率所给出的宇宙学常数的上限，只有上面的估计值的 10^{120} 分之一。这就产生了一个难题：为什么真空能量密度不像我们前面估计的那样巨大？宇宙学常数的预测值与观测值之间如此巨大的差异被称为宇宙学常数问题，这是目前我们在理论粒子物理学领域所面临的最具吸引力，也最令人沮丧的谜团之一。

寻找深层对称性

除了电磁学，其他方面的量子涨落也是真空能的一部分，其中的某些部分会产生负能量，有希望与其他部分的正能量相互抵消。许多人尝试利用这种可能性解决宇宙学常数问题。

所有基本粒子可以被分为两类：玻色子和费米子。①比如光子是玻色子，而电子、正电子和夸克都是费米子。费米子可以被描述为费米场中的一个个小包块，但是与电磁场不同，费米场的量值具有格拉斯曼数②的特性，这与普通的数字大为不同。当你在普通数字之间做乘法的时候，乘积与各个乘数的顺序无关，比如 $4 \times 6 = 6 \times 4 = 24$。但

① 玻色子和费米子分别得名于印度物理学家萨蒂延德拉·玻色和美国物理学家恩里科·费米，两人分别阐明了这两种粒子的独特性质。

② 格拉斯曼数得名于19世纪德国数学家赫尔曼·格拉斯曼，他首次提出了格拉斯曼数的概念。

是对于格拉斯曼数来说，如果调换乘数的顺序，乘积的正负号就会变化，即A × B = – B × A。费米场的格拉斯曼特性导致了费米子的许多独特的性质，但是对于我们来说，更重要的是费米场的真空涨落可以导致负的能量密度。

那么玻色场的正真空能能否与费米场的负能量相互抵消呢？原则上是可能的，但是看上去发生概率很低。巨大的正负能量以复杂的方式依赖于粒子质量和相互作用，它们之间要想相互抵消，必须至少达到10^{100}分之一的精度。是什么导致了如此不可思议的巧合呢？

在粒子物理学中的确发生了显著的抵消现象，但这些抵消通常可以追溯到一些潜在的对称性。以电荷守恒为例，高能碰撞可以产生无数的新粒子，但是正电荷和负电荷的数量一定是完全相等的，以确保总电荷不变。这种性质源于基本粒子物理方程的一种特殊对称性，被称为规范对称性。①

规范对称性决定了电荷在所有的基本粒子相互作用中都是守恒的。对称性的美感在于细节并不重要，无论粒子质量是多少，涉及哪种相互作用，都无关紧要，无论如何电荷都是守恒的。

直到最近，绝大多数物理学家才普遍认为，同样的情况应该也发生在真空能的问题上，也许有一些隐藏的深层对称性亟待被发现，而它们正是导致宇宙学常数的各部分来源相互抵消的原因。[2] 自20世纪70年代以来，为了寻找这种对称性，科学家们，包括许多当今顶尖的理论物理学家，都进行了许多尝试。然而，经过几十年的努力，研究仍然毫无进展，宇宙学常数问题依旧是一个艰巨的难题。

---

① 如果存在某些操作使得方程保持不变，则称该方程具有对称性。比如，我们将x和y调换，对于方程$x + y = 1$来说并没有发生任何变化。

巧合问题

"任何巧合，"马普尔小姐自言自语道，"都值得注意。如果它真的只是一个巧合，那你可以稍后再弃置不顾。"

——阿加莎·克里斯蒂

20世纪90年代末，有两个天文学研究组宣称他们找到了非零的宇宙学常数的证据，震惊了整个天文学界。正如我们在第9章中所讨论的，这一发现对于暴胀理论来说具有积极意义，它表明真空的质量（或者说能量）密度刚好让宇宙变为平直的；但是对于粒子理论来说，这是一个可怕的消息。

用美丽的对称性来解决宇宙学常数问题，这个目标现在看起来越来越遥远了。对称性看起来无懈可击，它不会留下一丝一毫未被抵消的真空能。然而，从观测数据中得出的宇宙学常数数值看起来非常可疑，以至于大多数粒子物理学家和宇宙学家都拒绝接受它，甚至希望它赶紧消失。

由观测得到的真空质量密度略高于平均物质密度的两倍，也就是说这两种密度是大小相当的，并没有大很多或是小很多，这是一个令人费解的结果。尤其令人吃惊的是，物质密度和真空密度在宇宙膨胀过程中的表现非常不同，真空密度保持不变（对于同一块真空来说），但是物质密度会随着体积增加而减小。如果今天这两种密度差不多，那么在最后散射时（即原子核与电子结合成原子，让宇宙变透明之前）物质密度会是真空密度的10亿倍，而在大爆炸后1秒这个倍数是10^{45}。在遥远的将来，这种比例将被逆转，物质密度将会远小于真空密度，比方说1万亿年后，物质密度将减小到现在的10^{50}分之一。

因此，在宇宙的大部分历史中，物质密度与真空密度都有着显著的差异。那么为什么我们能碰巧生活在这样一个两种密度彼此相近的时代呢？考虑到物质密度数值的巨大跨度，这种巧合更显得不同寻常，以至于我们很难仅仅视其为一个“巧合”。

看起来，大自然似乎试图告诉我们一些什么，但是就像以往那样，我们无法轻易读懂它传递的信息。为什么自然界的一个基本常数，就比如宇宙学常数，会恰好与人类存在的这个特定时代的物质密度有关呢？也许这两者之间有着某些不为人知的联系，但是这种想法听上去又非常荒谬。这让粒子物理学界完全摸不着头脑。

还有一个值得注意的事实令局势更加奇特。在有关宇宙学常数的观测开展之前，就已经有人从理论上预测了一个非零的宇宙学常数，其数值和观测值相差不大。但问题是，这个理论预测基于所谓的人择原理，而人择原理是一个充满争议的想法，大多数爱惜羽毛的物理学家都像躲瘟疫一样躲着它。

第13章 人择原理的争论

我们在未知海岸上发现了奇怪的脚印。为了解释它的来源，我们接连设计了许多深奥的理论。终于，我们成功重现了踩出脚印的生物。啊哈！原来就是我们自己。

——亚瑟·爱丁顿爵士

自然常数

从DNA分子到巨大的星系，宇宙中万事万物的性质归根结底都是由几个数字所决定的，这就是所谓的自然常数。这些常数包括基本粒子的质量、表征四种基本相互作用（强相互作用、弱相互作用、电磁相互作用、引力相互作用）强度的参数等。例如，质子质量比中子质量少0.14%，同时是电子质量的1 836倍；①两个质子之间的引力是它们之间电斥力的10^{40}分之一。从表面上看，这些数字似乎是完全随意的，借用天体物理学家克雷格·霍根（Craig Hogan）的比喻[1]，我们可以想象造物主坐在宇宙的控制面板前，旋转不同的旋钮来调节这些常数数值（见图13.1），喃喃道："我们要把它设成1 835还是1 836呢？"

有没有可能，在这看似随机的一组数字背后，存在某种系统性？也许并没有什么旋钮可以旋转，所有的数值都是由数学上的必然性所决定的。长久以来，粒子物理学家们一直坚信，所有这些自然常数最

---

① 质量的数值取决于用来度量物体的单位（例如克、盎司、原子单位等），但是两个质量的比值，比如文中提到的1 836，则与单位的选择无关。

图13.1　造物主在宇宙的控制面板前转动旋钮

终都能从某些尚未被发现的基本理论中被推导出来，我们别无选择。

然而，到目前为止，我们还没有观测到任何迹象能表明这些常数的选择都是天意。粒子物理的标准模型可以描述所有已知粒子的强相互作用、弱相互作用和电磁相互作用，这个模型中含有25个“可调”常数，它们的数值都是根据观测结果确定的。[①]加上新发现的宇宙学常数，我们总共需要26个自然常数来描述我们的物质世界。当然，如果发现了新的粒子或者新的相互作用，就需要扩充这个自然常数列表。

精细调节的宇宙

在对自然常数的选择上，造物主似乎表现得相当难以捉摸。然而

① 其中某些常数的数值，尤其是用以表征中微子性质的那些常数，目前还是未知之数。

值得注意的是，在这背后似乎确实存在某种系统性，虽然并不是物理学家们一直所希望的那种。当前的物理学研究中，多个不同领域的研究结果都表明，宇宙的许多基本特征与某些自然常数的精确值息息相关。即使造物主稍微调节了一下控制面板上的旋钮，也会把我们的宇宙变成一个截然不同的样子，而且极有可能，我们或者任何现有的生物，都会随之消失不见。

让我们从中子质量开始，考虑“改变”带来的后果。中子质量稍大于质子，因此自由中子能够衰变成质子和电子。[①]现在，假设我们将代表中子质量的旋钮往数值较小的那侧旋转一点点。这个转动非常小，数值变化不超过0.2%，但足以使质子与中子间的质量差发生逆转。转动后，质子会变得不稳定，进而衰变成中子与正电子。原子核内的质子也许能够保持稳定，然而随着旋钮的进一步转动，它们也同样会衰变。最终，原子核将失去所有的电荷，并且由于无法将电子保持在原子核周围的轨道上，整个原子也将因此瓦解。无拘无束的电子会与正电子紧密成对，在相互旋转环绕的死亡舞蹈中迅速湮灭成光子。而我们将会被留在一个“中子世界”中，这个世界由孤立的中子核与辐射组成，没有化学反应，没有复杂结构，也没有任何生命。

接下来，我们把中子质量旋钮转向相反的方向。同样地，质量上千分之几的增长都足以引发灾难性的变化。中子越重，就越不稳定，到达某一临界值之后会在原子核内部衰变成质子。在质子间电斥力的作用下，原子核会被撕裂。而质子一旦从原子核中被放出，就会和电子结合形成氢原子。这样一来，我们的世界最终就变成了一个相当无

---

① 衰变过程中还会发射出一个反中微子。

聊的“氢世界”，除了氢以外不存在任何其他的化学元素。[①]

让我们继续探索，研究一下改变基本粒子间的相互作用的强度会带来什么影响。在当今的宇宙中，弱相互作用只在壮观的超新星爆发时才显示出一些存在感。当一颗大质量恒星耗尽内部的核燃料时，它的内核会在自身引力的作用下坍缩。这一过程会释放巨大的能量，其中大部分以参与弱相互作用的中微子的形式被释放。受到强相互作用或者电磁相互作用影响的光子等粒子，仍然被困在超致密的坍缩核中。在逃逸的过程中，中微子冲开恒星外层，就产生了前面提到的壮观的爆发。如果弱相互作用比实际强度强得多，中微子就无法从内核中逃逸；而如果弱得多，中微子将径直穿过恒星外层，不会把其中的物质带出来。因此，无论我们将弱相互作用强度变大还是变小，超新星爆发都将不会发生，天文学家也将因此失去他们最珍贵的壮观景象之一。

也许你觉得，失去一种天文现象并不是什么大不了的事。但是请等一下，让我们先不要转动旋钮。在宇宙演化的早期，自然常数的改变可能会造成更具毁灭性的影响。诚如第4章中所述，碳、氧、铁等重元素形成于恒星内部，并随着超新星爆发而散布到宇宙中，它们对于行星形成和生命起源都至关重要。如果没有超新星爆发，这些重元素都将被埋藏在恒星内部，宇宙空间中可用的仅仅是一些产生于大爆炸中的最轻的元素，比如氢、氦、氘，以及微量的锂。没有人会想要生活在这样的宇宙中。

---

① 从更加基本的层面上考虑，质子和中子都是由夸克组成的。因此，更恰当的做法是将夸克质量视为基本的自然常数，而质子与中子的质量均为其衍生量。然而，这并没有改变上述的结论。夸克质量仅仅发生百分之几的改变，就足以将我们现在的世界变成“中子世界”或者“氢世界”。

引力是目前四种基本作用力中最弱的力。只有当星系或者恒星这样的大质量天体存在时，它才能产生重要影响。事实上，正是引力的这一“弱”点，才使得恒星质量如此之大：足够大的质量，才能将高温气体压缩到足以发生核反应的高密度条件。如果引力强度增加，那么恒星质量将会相应减小，而且会更快地燃烧殆尽。引力强度百万倍的增加将会导致恒星质量减小到原先的十亿分之一。①在这种情况下，典型恒星的质量将小于当前的月球质量，其寿命也将缩短为大约一万年。与此相比，正常引力强度下，太阳这样的典型的中等质量恒星寿命大约为100亿年。一万年的时间跨度甚至不足以完成最简单的细菌的进化。事实上，即使引力强度增加的幅度远低于百万倍，也足以消灭宇宙中的生命。完成类似地球智能生命进化这样的过程需要恒星寿命在十亿年以上，而引力强度仅仅增加100倍，恒星寿命就会远远小于这个数值。

以上这些例子，以及许多其他例子都表明，我们在宇宙中的存在取决于许多不同倾向之间的不稳定平衡，一旦自然常数与当前的数值有明显偏差，这种平衡就会被破坏。[2]我们该如何看待这些似乎经过了精细调节的自然常数呢？这是否说明造物主为了实现生命和智慧而仔细调节了这些常数呢？也许是吧。但是还有另一种全然不同的解释。

人择原理

在另一种视角下，造物主展现了一种全然不同的形象。他并没有

---

① 值得一提的是，即使引力相互作用力强度增加一百万倍，电磁相互作用力强度仍然是它的10^{34}倍。

进行什么精妙的设计，而是任性而为，草率地用各种完全随机数值的常数制造了大量的随机宇宙。其中大部分都和中子世界一样，一片死寂。但偶尔也会有这么一两次，他纯属偶然地创造出了一个适合生命存在的具有精准常数数值的宇宙。

从这种观点出发，我们扪心自问：我们能够期望生活在什么样的宇宙中呢？大多数的随机宇宙都是死气沉沉的，没有生命存在，但也因此没有任何人能去抱怨它。所有的智慧生物都会发现自己身处在一个罕见的适宜生存的宇宙中，其中所有的自然常数都精准得恰好使得生命的存在成为可能，看起来像是一个不可思议的阴谋。这种推理思路被称为“人择原理”，由剑桥大学的天体物理学家布兰登·卡特（Brandon Carter）①在1974年命名。他对人择原理做出如下表述：“……人们观测到的宇宙环境，必须允许我们作为观测者存在。”[3]

人择原理是一种选择标准，它假定存在某些相距甚远的、由不同自然常数所定义的区域，这些区域可能位于我们这个宇宙的某个遥远的地方，也可能属于其他完全不相连的时空。由这些性质各异的区域组成的集合，我们称之为“多元宇宙”，这个名词是由英国皇家天文学家马丁·里斯提出的，他和卡特曾是剑桥的同学。稍后，我们将在此书中谈到三种类型的多元宇宙。第一种多元宇宙中所有的区域都属于同一个宇宙；第二种多元宇宙则由各自独立的、互不相连的宇宙组成；②第三种则是前两者的结合：它由多个宇宙组成，每个宇宙中又包

① 现就职于法国国家科学研究中心默东天文台。

② 哲学家通常把宇宙定义为“存在的一切”。如此一来，当然就不可能再有其他的宇宙。物理学家们通常不会使用这个名词来描述这种最广义的概念，而是把完全不相交的、全然自成一体的时空称为独立宇宙。在本书中，我遵循物理学的传统。

含多个不同的区域。如果上述的任何一种多元宇宙当真存在，那么存在着适宜生命生存的精准的自然常数就不足为奇了。或者说，这些常数必然是精准的。

除了空间性质，人择原理也同样适用于时间上的可观测变量。罗伯特·迪克用它来解释宇宙的年龄，就是这一原理最早的应用之一。迪克认为，生命只有在恒星内部合成了重元素之后才会形成，而这一过程需要几十亿年的时间。随后，这些元素将会随着超新星爆发分散到宇宙中，再经过几十亿年，第二代恒星及其行星系统才能形成，生命演化也才有可能发生。因此，作为观测者的第一代生命体最早也只能在大爆炸后100亿年出现。此外，类似太阳这样的中等质量恒星会在诞生后约100亿年内燃尽其内部的核燃料，用于新恒星形成的星系气体也会在差不多的时间跨度内耗尽。在大爆炸后的1 000亿年之后，可见宇宙中几乎不会剩下多少太阳这样的中等质量恒星。[4]如果我们假设生命会随着恒星的死亡而消失，那么就可以得到生命体存在的时间范围，具体说来，大约是大爆炸后50亿~1 000亿年间。①不言而喻，宇宙现在的年龄正落在这一区间内。[5]

迪克应用人择原理来确定我们在时间轴上的位置，这一点毫无争议。但是当布兰登·卡特、马丁·里斯以及其他少数物理学家试图更进一步，利用人择原理的推论来解释基本常数的精准性时，争论便由此开始了。

① 可以想象，先进文明能够在恒星死亡之后存活下来，并利用核能或者潮汐能来维持生命。但是目前看来，文明存在的时间都相对较短。我将在下一章的尾注1中谈及这个问题。

人择原理与色情文学的共同点

前文中卡特所表述的人择原理当然是成立的，这不言而喻。自然常数和宇宙年龄这些结论的得出必须有观测者存在这一事实作为前提，否则我们的理论从逻辑上就是错误的。从这个意义上来说，人择原理作为一个简单的一致性要求当然是毫无争议的，虽然用处并不大。但是，任何用它来解释宇宙精细调节的尝试，都会引起物理学界的异乎寻常的负面反应。

物理学界的反应也自有其道理。为了解释精细调节的存在，我们不得不假设存在一个多元宇宙，其中包含许多由不同的自然常数所定义的相距甚远的区域。然而问题在于，没有任何一丝证据能支持这一假设。更糟糕的是，它似乎永远不能被证实或者证伪。哲学家卡尔·波普尔认为，任何不能被证伪的思想观点都不是科学。这一被物理学家广泛接受的评判标准，似乎意味着精细调节宇宙的人择原理解释并不科学。另一种批评意见认为，人择原理只能解释我们业已知晓的事物，而不能做出预测，也因此无法被验证。

人择原理的真实面目被各种含混不清的解读和演绎所掩盖，这对正确理解它毫无帮助。①最重要的是，许多关于这一原理的表述出现在文学作品中。哲学家尼克·博斯特罗姆（Nick Bostrom）曾为此写过一本书[6]，总结出30余个相关构想。作家马克·吐温的一句话很好地概

---

① 布兰登·卡特自己就有过这种混淆视听的行为。他提出了人择原理的另一种解释，即所谓的“强人择原理”，其具体表述为“我们的宇宙……必须允许观测者在某一阶段存在”。许多人从神秘主义的角度解读这一表述，认为它在某种程度上暗示了神存在的必要性。本书中，我采用卡特的原始表述，即所谓的“弱人择原理”。

括了这一情况：“许多评论家的研究已经给这一问题蒙上了迷雾，如果任由他们继续发展，很快，我们将对这个领域一无所知。”[7]“人择”一词本身就具有一定的迷惑性，因为它似乎特指人类，而不是广义的作为观测者的智慧生命体。

不过，在利用人择原理来解释宇宙的问题上，人们的反应如此情绪化，可能主要还是源自一种被背叛的感觉。自爱因斯坦之后，物理学家们就认为，总有一天，所有的自然常数都能从某个包罗万象的万有理论中被推演出来，而诉诸人择原理，则被看作一种投降，因此引发了程度不等的不满，有的只是厌烦，有的则是彻底的敌意。一些著名的物理学家甚至说，人择原理的思想是“危险的”[8]，它正在“腐蚀科学”[9]。只有在其他可能性都被否定的极端情况下，提及“人择原理”这一禁忌词的行为才可能被原谅，而有时甚至绝不可能得到原谅。诺贝尔物理学奖得主史蒂文·温伯格曾经说过，物理学家谈论人择原理，“与牧师谈论色情文学面临同样的风险，无论你如何强调自己的反对立场，总有人认为你实际上是乐此不疲的”。

宇宙学常数

如果说最后只剩一个问题需要解决，那一定是宇宙学常数问题。真空能量密度是多种来源不同的能量共同作用的结果，它们相互抵消，其精确度能达到10^{120}分之一。这是物理学中关于宇宙精细调节的最恶名昭彰也最令人费解的问题。安德烈·林德是第一个吃螃蟹的人，他率先应用人择原理来解决这一问题。他对当时关于“其他宇宙”的含混不清的讨论相当不满，并提出了一个具体模型，用以解释宇宙学常数是如何变化的，以及导致这些变化的原因。

林德从以前的工作中受到了启发。还记得那个沿着能量函数滚落的小球吗？这个小球代表一个标量场，而它所处的高度就是该标量场的能量密度。当标量场小球沿着能量函数向下滚落时，它所释放的能量就推动了宇宙暴胀式的膨胀。

林德利用了该暴胀模型的一大特点：能量函数中不同的高度对应着不同的能量密度。他假定存在另一个拥有自己能量函数的标量场。为了区别于前文中表示宇宙暴胀的场，我们将后者命名为“暴胀子”，这也是它在物理学文献中的常用名。早在约140亿年前，宇宙暴胀的末期，在我们邻近的宇宙区域中，暴胀子就已经滚落到了它的能量函数的谷底。为了防止暴胀子滚落的速度过快，必须要求能量函数的斜率非常小，要比暴胀模型中的小得多。然而无论斜率多小，它终将导致暴胀子下落，区别只在于更小的斜率上小球需要滚动更长的时间。林德设定斜率必须足够小，以保证在宇宙大爆炸之后的140亿年里，暴胀子这个标量场不会移动太多。即便如此，如果这个斜面延伸得足够远的话，那么能量密度还是能在正负两个方向上都达到很大的数值（如图13.2所示）。

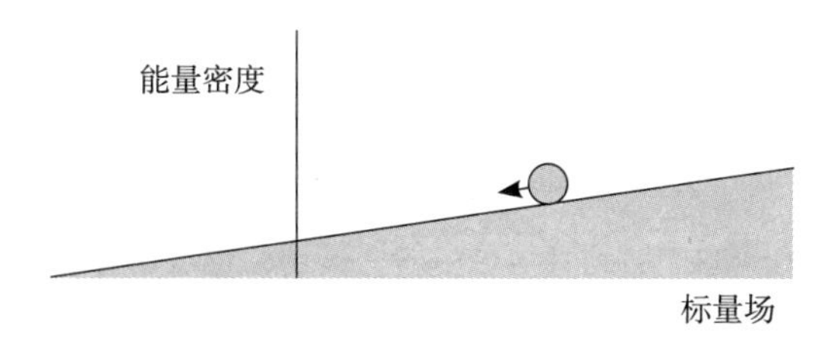

图13.2　一个代表标量场的小球在非常平缓的能量函数的斜面上运动

将标量场的能量密度，与通过粒子物理计算出的费米子和玻色子的真空能量密度相加，就得到了真空的全能量密度，即宇宙学常数。即使费米子和玻色子的真空能量之间没有相互抵消，粒子物理部分的真空能量密度数值很大，在能量函数的斜面上也必定会有某个特定点，使得暴胀子的能量密度与之数值相同但符号相反，从而使得总的真空能量密度为零。据推测，在我们这个宇宙中，暴胀子的位置应该与这一特定点相去不远。

如果暴胀子在宇宙中因地而异，那么同样地，这个宇宙学“常数”也会因地而异，这些都是应用人择原理的有利条件。但是什么原因会导致暴胀子的变化呢？对此，林德也给出了一个好的解答。

在大爆炸之前的永恒暴胀期间，整个宇宙经历了随机的量子冲击。和前文一样，我们可以用一群随机行走的行人来描述这种行为模式（见第8章）。其中斜面的斜率可以忽略不计，因此行人向左或是向右的概率几乎相同。即使从同一个位置出发，这些行人也会逐渐分散开来，如果时间足够长，他们将遍布整个斜面。当然，在永恒暴胀的过程中，并不缺时间。在这个比喻中，行人表示不同空间区域内的标量场数值，因此我们可以得出结论：暴胀中的量子过程必然会形成一个包含标量场所有可能取值的区域分布，即产生了宇宙学常数的所有可能取值。

当行人在斜坡上游荡的时候，他们所代表的区域之间的距离正在被指数级的暴胀式膨胀所拉长。因此，真空能量密度的空间差异非常小。[①]即使在10^{100}公里的空间跨度内，可能也很难发现最轻微的变化。

将林德的模型扩展到其他更多的标量场，也可以导致其他自然常数发生改变。[②]如果基本粒子物理学允许这些常数改变，那么在永恒

---

① 由于斜面的斜率非常小，近似平坦，想要达到一个明显的海拔差异，随机行走的行人必须沿着斜坡走很长的路。与此同时，宇宙将膨胀很多倍。

② 目前尚不清楚林德假设的那种标量场是否真实存在。我们将在第15章重新回到这个问题上来。

暴胀中，量子过程将不可避免地产生广阔无垠的空间区域，其中包含所有自然常数的所有可能取值。可以说，永恒暴胀理论为人择原理的应用提供了天然的演练场。

通过上面的推导，现在我们已经得到了宇宙学常数的所有可能取值，那么其中究竟哪一个取值是我们希望观测到的呢？在真空质量密度大于水的密度（1 g/cm^3）的区域内，恒星将会在斥引力的作用下被撕裂。事实上，比这小得多的真空密度就足以造成严重的破坏，从而导致宇宙中不存在任何观测者。物理学家史蒂文·温伯格在他的一篇论文中证明了这一点，该论文后来也成为人择原理推导方面的经典之作。

图13.3 物理学家史蒂文·温伯格（弗兰克·柯里摄，半影工作室）

随着宇宙膨胀，宇宙中的物质被稀释，其密度也相应变小，并且不可避免地会在某个时间点降到真空密度以下。温伯格指出，一旦发生这种情况，物质会在真空斥引力的作用下继续稀释，再也不可能聚集形成星系。宇宙学常数越大，真空就会越早占据主导位置。对于一个由真空主导的区域来说，如果在此之前其中没有形成星系的话，那么以后也不会再有机会产生星系了，更不会产生任何宇宙学家来担心宇宙学常数的问题了。

如果宇宙学常数是负数，则会产生更具破坏性的影响。在这种情况下，真空引力是相互吸引的，因此由真空所主导的区域会迅速收缩并最终坍缩。而人择原理要求坍缩必须发生在星系形成并演化出观测者之后。

根据温伯格的分析，允许星系形成的最大真空质量密度约为每立方米几百个氢原子质量，仅有水密度的10^{27}分之一。与粒子物理学家们计算出的每立方厘米10^{100}吨的结果相比，这可谓是一个巨大的进步。

如果确实是人择原理造成了如此小的宇宙学常数，那么哪怕再小，这个常数也不会严格等于零，而它似乎也没有理由要远小于由人择原理所推导出的取值。早在20世纪80年代末，观测精度就已经足以探测这一量级的数值了，温伯格也预测很快就能通过天文观测来确定宇宙学常数。事实上，大概又过了十年，宇宙学常数的线索才第一次出现在超新星的观测数据中。

第14章 平庸原理

除了有自知之明这一点之外，我认为自己就是个普通人。

——米歇尔·德·蒙田（1533—1592）

钟形曲线

对人择原理的最严厉的批评在于，它不能产生任何可被验证的预测，它所说的一切就是只有当自然常数的数值允许观测者存在时，我们才能够对这些常数进行观测。这很难被看作一种预测，因为它本身是绝对正确的。那么问题是，我们能做得更好吗？有没有可能从人择原理中提取出一些真正意义上的预测呢？

如果我要测量的量可以有一系列取值，具体能测到哪个取值纯属偶然，那我就不可能准确预测测量结果，但我仍然有可能做出一个统计上的预测。比如，假设我想预测我在街上遇见的第一个男性的身高，根据吉尼斯世界纪录，医学史上最高的男性是美国人罗伯特·珀欣·瓦德洛（Robert Pershing Wadlow），身高2.72米，而最矮的成年男性是印度人古尔·穆罕默德（Gul Mohammed），身高只有57厘米，那么保险起见，我应该预测我遇见的第一个男性的身高将介于这两个极端之间。除非他的身高打破吉尼斯世界纪录，否则这个预测结果绝对是正确的。

为了做出更有意义的预测，我可以参考美国男性身高的统计数据，它遵循如图14.1所示的钟形曲线，中间值为1.77米，即50%的男性矮于这个值，另外50%的男性高于此。而我遇见的第一个人不太可能是个巨人或者侏儒，所以可以期望他的身高处于分布曲线的中段。更加量化地说，我可以假定这个人不会是美国最高或者最矮的2.5%的男性之一，而余下95%的人身高在1.63至1.90米之间，那么如果我预测这个人的身高在1.63至1.90米之间，然后进行大量实验，就可以期望在95%的情况下，预测是正确的。我们便称该预测具有95%的置信度。

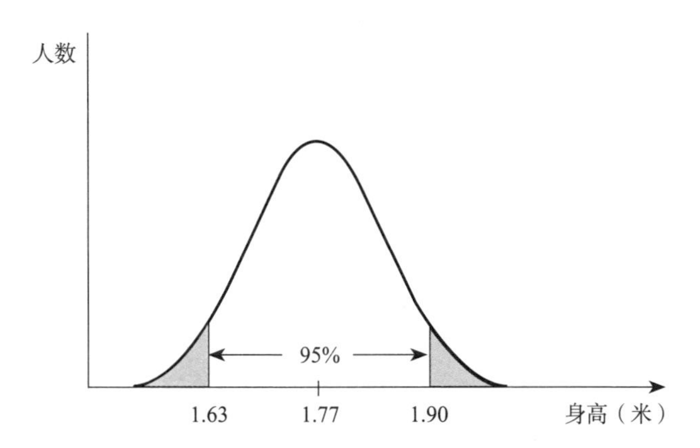

图14.1　美国成年男性身高分布曲线。身高处于给定区间内的人数与曲线相应部分下的面积成正比，分布曲线两侧尾端的阴影部分分别表示最低的2.5%和最高的2.5%，两者之间的部分就是具有95%置信度的预测区间

为了使预测达到99%的置信度，我就得去掉分布曲线两端各0.5%的部分。随着置信度的增加，我出错的机会相应减少，但是身高的预测区间随之增大，而预测本身也不那么有趣了。

可以用类似的方法来预测自然常数吗？ 1994年的夏天，我试图寻找这个问题的答案，当时我正在法国高等科学研究所拜访我的朋友蒂博·达穆尔（Thibault Damour）。这个研究所位于一个名为伊维特河畔比尔的小村庄，从巴黎出发乘火车30分钟即可到达。我喜欢法国的乡村，还有美食和葡萄酒，尽管这些食物热量都很高。著名的苏联物理学家列夫·朗道曾经说过，一杯酒就足以扼杀他一周的灵感。幸运的是，我还没有过这种体验。傍晚，在一顿愉快的晚餐之后，我精神振奋地在伊维特小河边的草地上散步，思维却逐渐回归到人择原理的预测问题上来。

假设某个自然常数，就叫它X吧，在宇宙的不同区域内取值都不同。在某些宇宙区域内，环境不允许观测者存在，而只有在另一些允许观测者存在的区域内，X的值才会被测量。那么，进一步假设存在着某种宇宙统计局，他们收集并公布这些关于X的测量结果（见图14.2），由不同观测者测量的数值分布很可能呈现出与图14.1类似的钟形曲线，同样，我们也可以去掉分布曲线两端各2.5%的部分，并预测X的数值处于95%置信度区间内。

图14.2　宇宙中随机挑选的观测者。这个观测者所测量到的常数数值可以通过统计分布来预测

这种预测的意义何在呢？如果我们在宇宙中随机挑选观测者，那么他们所测量的X值将有95%的机会落在预测区间内。但是很不幸，我们无法验证这种预测，因为所有X值不同的区域都在我们的视界之外，我们只能测量视界内本区域的X。不过，我们可以认为自己是被

随机挑选出来的，只是分布在宇宙中的众多文明中的一个。我们没有理由相信，与其他观测者相比，我们这里的X会是罕有的，或者说特殊的取值，因此，我们就可以预测出我们的测量值会落在某一特定区间内，而这个预测的置信度为95%。这种方法的一个重要前提是，我们在宇宙中只是一个普通的存在。我将这一前提称为“平庸原理”。

我的一些同事反对这个命名，他们建议改称其为“民主原理”。当然，没有人愿意做个平庸的人，但是这个名字表达了对于人类处于世界中心的那个时代的怀念。人们总爱相信自己是特殊的，但是宇宙一次又一次地证明，“平庸”才是一个更有效的假说。

同样的推理方法也可以用来预测人的身高。假设你不知道自己的身高，那么就可以用你所在国家和相应性别的统计数据来预测。如果你是一个生活在美国的成年男性，且没有理由认为自己异常高大或矮小，那么你的身高将以95%的置信度处于1.63至1.90米之间。

后来我了解到，哲学家约翰·莱斯利（John Leslie）和普林斯顿天体物理学家理查德·戈特（Richard Gott）都曾经在预测人类的存在期限时各自提出过类似的观点，他们认为人类持续的时间不可能会比它已经存在的时间长太多，否则我们就会发现自己正处于人类历史的极早期。这就是所谓的“世界末日论”，它可以追溯到人择原理的发明者布兰登·卡特，卡特在1983年的一次演讲中提出了这一观点，但是从未以书面形式发表（看起来他被卷入的争论已经够多的了）。[1]戈特还曾经利用类似的观点来预测柏林墙的倒塌和英国《自然》期刊的寿命，他关于这一主题的第一篇论文同样发表在《自然》上。他预测《自然》期刊将在6800年停刊，这一点还有待验证。

如果我们对宇宙中所有观测者所测量的自然常数做一个分布统计，我们就可以利用平庸原理在特定置信度上做出预测。但是我们能从哪里得到这个统计分布呢？我们只能用理论计算得出的数值替代宇宙统计局的数据。

如果没有一个使用可变常数来描述多元宇宙的理论，就无法找到相关的统计分布。目前，我们的最佳选择就是永恒暴胀理论。正如我们在上一章中所讨论的，暴胀时空中的量子过程产生了大量的区域，这些区域拥有自然常数的所有可能取值。我们可以用永恒暴胀理论来计算常数的统计分布，然后也许可以与实验数据对比来检验结果。这开启了一种令人激动的可能，让永恒暴胀理论最终可以经受观测的考验。当然，我觉得这个机会不容错过。

统计观测者

既然宇宙中的每一个区域都包含有一组自然常数的可能取值，让我们设想一个大得足以容纳所有区域与所有可能取值的空间，其中某些区域“人”口密集，充满作为观测者的智慧生物；另外更多的区域并不利于生活，“人”口稀少；而占据大多数的是贫瘠的区域，没有任何观测者存在。

测量自然常数特定取值的观测者的数量，是由两个因素决定的：具有特定常数取值的区域的体积（比如以立方光年为单位），以及每立方光年内观测者的数量。体积项可以通过暴胀理论结合可变常数的粒子物理模型（比如宇宙学常数的标量场模型）来计算，但是计算第二项，观测者的人口密度，就困难多了。[2]我们对生命的起源知之甚少，更不用说智慧生命了，那么我们又怎么能指望计算出观测者的人数呢？

事情的转机在于，某些常数并不直接影响生命的物理和化学过程，比如宇宙学常数和中微子质量，还有通常被记为Q的表征原初密度扰动大小的参数，我们称之为生命中性的自然常数，它们的变化可能会影响星系形成，但是不会影响特定星系内生命演化的可能性。与此相反，像电子质量、牛顿万有引力常数这样的常数就能够直接影响生命过程。那么如果我们集中探讨那些影响生命的常数数值相同，而只有生命中性常数不同的区域，那我们对于生命和智慧的无知就不会影响研究结果。在这些区域中，所有星系内的观测者数量都差不多，所以区域内的观测者人口密度将简单地与星系密度成正比。[3]

至此，针对这个问题的对策就是集中分析那些生命中性的常数，然后问题就可以简化为计算给定空间体积内的星系数量，而这是一个已经被研究得很透彻了的天体物理学问题，其计算结果与通过暴胀理论得出的体积项相结合，就能得到我们想要的统计分布。

向宇宙学常数问题靠拢

当我考虑拥有不同自然常数的遥远区域内的那些观测者时，很难相信我在笔记本上写下的方程与现实有多大关系。但是既然已经走到了这一步，我只能勇往直前，我想看看平庸原理是否可以为解决宇宙学常数问题提供什么新的启示。

史蒂文·温伯格已经迈出了第一步，他研究了宇宙学常数对星系形成的影响，并且发现人择原理设定了宇宙学常数的上限，如果超过这个上限，真空能就会很快在宇宙中占据主导位置，甚至使得任何星系都还来不及形成。此外，正如我已经提到的，你在街上碰到的第一个人不太可能是侏儒，温伯格也意识到他的分析中隐含着一种预测：如果你在零和人择界限之间任意选取一个数，这个数值也不可能比人择界限小太多。因此，温伯格认为，我们区域内的宇宙学常数数值应该与人择界限相当。①

这个观点听上去很有说服力，但我对此有所保留。在宇宙学常数与人择界限相当的区域中，星系几乎不可能形成，观测者的人口密度也会很低。大多数观测者都会出现在拥有大量星系的区域内，那里的宇宙学常数远低于人择界限，因此真空能只有在星系形成过程差不多完成之后才会占据主导位置。而根据平庸原理，我们极有可能发现自己就是这些观测者中的一员。

对此，我大致估算了一下，发现由普通观测者所测量的宇宙学常数不应该比平均物质密度的10倍大很多，当然太小的数值也不可能，就像上街不太会遇见侏儒一样。我在1995年发表了这项分析结果，预测我们测量到的数值应该约为本区域物质密度的10倍。[4]同样以平庸原理为基础，牛津大学天体物理学家乔治·埃夫斯塔修（George Efstathiou）[5]与史蒂文·温伯格后来又分别进行了更详细的计算，随后得克萨斯大学的雨果·马特尔（Hugo Martel）和保罗·夏皮罗（Paul Shapiro）也加入了温伯格的研究团队，他们都得出了类似的结论。

这一新发现有可能将人择原理的观点转变成可被验证的预测，我对此非常兴奋，但是几乎没有人和我分享这份喜悦。超弦理论的领导者、理论物理学家约瑟夫·波尔钦斯基（Joseph Polchinski）曾经说过，如果真的发现了非零的宇宙学常数，他就退出物理学界。②波尔钦斯

---

① 温伯格推导出的人择界限大约是宇宙中平均物质密度的500倍，这个数值高得有些令人不安。在20世纪90年代中期，观测数据已经表明，我们这个区域的宇宙学常数不超过他预测数值的五十分之一。此外，温伯格的推导基于20世纪80年代末已知的最遥远星系，而目前，天文学家已经发现了更远的星系，同时相应的极限也提升到平均物质密度的4 000倍。

② 这个故事是芝加哥大学的肖恩·卡罗尔（Sean Carroll）告诉我的。（卡罗尔教授如今任职于加州理工学院。——编者注）

基已经意识到，对于一个小数值的宇宙学常数，唯一的解释就是人择原理，他只是不愿意接受这种想法。而我关于人择原理预测的学术报告时常会引起令人尴尬的沉默，在一次研讨会结束后，普林斯顿大学一位著名的宇宙学家从座位上站起来说："任何想研究人择原理的人都应该……"他的语气无疑是在表示，他坚信所有这样的人都是在浪费时间。

超新星伸出援手

我在前几章中已经提到，非零宇宙学常数的证据被首次宣布，这让大多数物理学家都大为吃惊。而这个证据，就是基于对一种特殊类型的遥远超新星——所谓的Ia型超新星——爆发的研究。

这些巨大的爆炸被认为发生在双星系统中，一般由一颗活跃恒星和一颗白矮星组成，后者是恒星燃尽核燃料之后形成的致密遗迹。单个白矮星会慢慢熄灭，但是如果它旁边有一颗伴星，那么它也许就能够在"焰火"中结束生命。从伴星中抛出的一部分气体会被白矮星俘获，从而导致白矮星质量稳步增长。然而，白矮星存在质量上限，即所谓的钱德拉塞卡极限，一旦质量超过这个极限，白矮星将会在引力作用下坍缩，并引发一场巨大的热核爆炸，这就是我们所看见的Ia型超新星。

超新星在天空中呈现为一个亮斑，其亮度的峰值可达到太阳亮度的40亿倍。在像我们这样的星系中，大约每300年才会出现一次Ia型超新星爆发，因此天文学家们不得不在几年时间内搜寻成千上万个星系，来寻找其中仅有的几十次爆发。但是这样的努力是值得的，Ia型超新星几乎实现了天文学家长久以来希望寻找到"标准烛光"的梦想。标准烛光是一类具有完全相同的功率的天体，其距离可以通过视亮度来确定，方法与我们根据一个100瓦的灯泡的视亮度来确定其距离是一样的。如果没有这种神奇的物体，距离测定会是天文学中一道著名的难题。

Ia型超新星之所以功率都相同，是因为所有爆发的白矮星的质量都相同，都等于钱德拉塞卡极限。[6]知道了功率，我们就能知道超新星与我们的距离；而一旦知道距离，通过光穿过这段距离的时间来推算出爆发的时间就很容易。此外，光波的红移，或者说多普勒频移，可以用于推算白矮星爆发时的宇宙膨胀速度。[7]因此，通过分析遥远的超新星发出的光，我们可以揭示宇宙膨胀的历史。

这项技术由两个相互竞争的天文研究组不断改进完善，其中一个是超新星宇宙学项目组，另一个叫高红移超新星研究团队，他们都想率先确定在引力作用下的宇宙膨胀减慢的速率，但是并没有什么发现。1998年冬天，高红移团队宣布他们有令人信服的证据表明，在过去的50亿年中，宇宙膨胀一直是加速的，而不是他们所预想的减速。提出这一主张是需要一些勇气的，因为宇宙加速膨胀就意味着宇宙学常数的存在。当被问及对这个发现的感受时，团队的领导者之一布莱恩·施密特（Brian Schmidt）说，他的感受“介于惊奇和恐惧之间”。[8]

几个月后，超新星宇宙学项目组也宣布了非常相似的结论。正如组长索尔·珀尔马特（Saul Perlmutter）所说，这两个研究组“达成了暴力共识”①。

① “暴力共识”指两方一直执着于争吵，却没有意识到他们的意见实际上达成了共识。——编者注

这一发现给物理学界带来了强烈的冲击，一些人干脆拒绝相信它。斯拉瓦·穆哈诺夫[①]和我打赌，宇宙学常数的证据不久就会消失，赌注是一瓶波尔多葡萄酒。当穆哈诺夫最终酿成这款酒时，我们一起享用了它，显然宇宙学常数的存在与否对酒香毫无影响。

还有一些人认为，超新星的视亮度可能会受到距离之外的其他因素的影响。比如，如果超新星发出的光被星系间的尘埃颗粒散射，那么超新星看上去会更暗一些，因此会让我们误认为它在更远的地方。直到几年之后，巴尔的摩空间望远镜研究所的亚当·里斯（Adam Riess）分析了当时已知的最远的超新星SN1997ff，才消除了这些疑虑。如果是由于星际尘埃导致的模糊暗淡，那么这种影响只会随着距离的增加而增强。但是这颗超新星的视亮度比既不加速也不减速、仅靠惯性膨胀的宇宙模型中的情况更亮。对此现象的合理解释是，该超新星在宇宙大爆炸后的30亿年时爆发，当时真空能仍然起到一定的支配作用，而宇宙的加速膨胀尚未开始。

由于宇宙加速膨胀的证据越来越强，宇宙学家们很快意识到，从某些角度看，宇宙学常数的回归并不算是一件坏事。首先，正如我们在第9章中所讨论的，它提供了缺失的质量密度，使得宇宙的总密度等于临界密度。其次，它解决了令人困扰的宇宙年龄差异问题，即在没有宇宙学常数的情况下所计算出的宇宙年龄要小于最古老的恒星的年龄。现在如果引入宇宙学常数，即考虑宇宙加速膨胀，那么它在过去的膨胀速度就会更慢，膨胀到现在的尺寸所需的时间也会更长。[②]

---

① 穆哈诺夫同时也是第一位计算暴胀期间由量子过程引起的密度扰动的学者。其照片见本书的第66页。

② 在这里，“宇宙”一词特指“可观测宇宙”，而所谓“宇宙年龄”指的是我们本区域中从宇宙大爆炸开始算起的时间。

也就是说，宇宙学常数使宇宙更老，同时也消除了年龄差异问题。[9]

因此，仅仅在宇宙加速膨胀被发现的几年之后，我们就已经离不开宇宙学常数了。而现在，争论的焦点也已经转向理解宇宙学常数的真正含义。

解释巧合

真空能量密度的观测值大约是平均物质密度的3倍，正处于3年前由平庸原理预测出的数值范围之内。通常，物理学家认为一次成功的预测是理论正确的有力证据，然而在这一事件中，他们并不着急归功于人择原理。在这一发现之后的几年里，许多物理学家都做出了巨大的努力，试图在不依赖人择原理的前提下解释加速膨胀，其中最受欢迎的是由保罗·斯坦哈特及其合作者提出的精质（Quintessence）模型。[10]

精质模型的观点是，真空能不是一个常数，而是随着宇宙膨胀逐渐减小。现在的宇宙已经非常老了，因此真空能的数值也非常小。更具体地说，精质模型是一个标量场，其能量函数的形貌看起来像是专门为速降滑雪设计的雪道（如图14.3所示）。在早期宇宙中，这个标量场在高高的山顶上，而现在已经降到了低海拔地区，也就是说，真空能量密度已经很低了。

这个模型的问题在于，它并没有解决当前真空能量密度恰好与物质密度相当这一巧合的难题（见第12章）。当然我们可以改变能量函数的形貌来实现这一点，但是这与其说是解释问题，不如说是简单地拟合数据而已。[11]

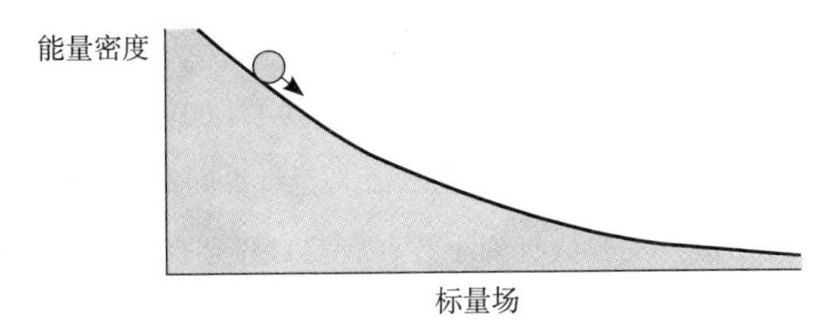

图 14.3　精质模型的能量函数形貌

而另一方面，使用人择原理可以自然地解决这个难题。根据平庸原理，大多数观测者都生活在宇宙学常数赶上星系形成时物质密度的区域中。像我们银河系这样的巨型旋涡星系要在相对较近的宇宙年代中才能形成，大概是大爆炸之后的几十到上百亿年[12]，从那时起，物质密度已经低于真空能量密度，但是并没有低多少（对我们这个区域来说大约是1/3）。[13]

尽管研究者们进行了大量尝试，但是并没有其他合理的解释能解决这一巧合难题。渐渐地，物理学家群体逐渐在心理上习惯了这种想法，即人择原理的思想也许将会持续下去。

优点与缺点

许多物理学家不愿意接受人择原理的解释，这一点很容易理解。物理学的精确度标准非常高，甚至可以说是无限高的，其中一个经典例子就是电子磁矩的计算。电子可以被描述为一个微小的磁体，用来表征磁体强度的参数就是磁矩，电子磁矩于20世纪30年代首次由保罗·狄拉克计算得出。他的计算结果与实验吻合得相当好，但是物理学家们很快意识到，由于真空量子涨落的存在，需要对狄拉克的计算值做一个小小的修正。紧接着就是一场竞赛，理论粒子物理学家做了越来越精确的计算，实验物理学家则用越来越高的精度来测量磁矩，由实验测量得出的最新的修正因子已经达到了1.001 159 652 188，其中最后一位还存在一定的不确定性，而理论计算则更加精确。引人注目的是，理论值与实验值直到小数点后第11位还保持一致。而实际上，即使已经到了小数点后的11位，两者之间的任何差异都会给物理学家们敲响警钟，因为这意味着我们对电子的理解出现了偏差。

基于人择原理的预测就不会这样，我们所能期望的最好结果就是去计算统计的正态分布曲线。而且，即使这个计算非常精确，我们也只能在特定置信度下预测一些取值范围，对于计算的进一步改进也不会导致预测结果的精确度显著增加。如果观测值落在预测范围之内，依然会有一个挥之不去的疑虑：这可能纯属偶然。而如果不在范围之内，相关理论也有一定的可能性依然正确，而我们只是恰好落在正态分布曲线尾端的那极少数的观测者。

如果可以选择，物理学家不会放弃他们的旧模式，转而选择人择原理，这也是情理之中的事。但是自然已经做出了她的选择，我们只需要找出答案。如果宇宙中不同部分的自然常数都不尽相同，那么，不管喜不喜欢，我们所能做的最多就是根据平庸原理进行统计预测。

宇宙学常数的观测值强烈暗示，确实存在一个巨大的多元宇宙，它落在根据人择原理做出的预测的范围之内，而且看上去似乎也没有别的可信的替代方案。当然，多元宇宙存在的证据永远只是间接的，它只是一个旁证，我们既听不到目击证人的陈述，也无法看到凶器。但是如果足够幸运，能做出一些更成功的预测，我们也许仍然能够证明它的存在，而不仅仅止步于合理的怀疑。

第15章 万有理论

我真正感兴趣的是，上帝能否以另一种方式创造世界。换句话说，逻辑上的简单性是不是只能带来这一种结果。

——阿尔伯特·爱因斯坦

寻找终极理论

人择原理的构想取决于这样一种假设，即自然常数可以因地而异。但是事实真的如此吗？这个问题关乎自然的基本理论：它是只会产生一组独一无二的常数，还是存在宽泛的可能性呢？

我们不知道基本理论是什么样的，也不确定它是否真实存在，但是对终极的统一理论的追求激发了当下的许多粒子物理学研究。研究者希望，在粒子的多元性与四个基本相互作用的差异背后，存在一个能决定所有基本现象的单一的数学定律，所有的粒子性质，以及万有引力定律、电磁力、强相互作用和弱相互作用都将遵循这一定律，就像所有的几何定理都遵循欧几里得几何的五条公设一样。

物理学家们希望终极理论对粒子性质的解释能像量子力学对元素化学性质的解释一样完善。在20世纪早期，原子被认为是物质的基本组分，每一种原子都代表一个化学元素。关于这些元素的性质以及它们之间的相互作用，化学家们已经积累了大量的数据。当时已知的元素有92种，你可能会觉得，对于“基本组分”这一概念来说，这个数量有点儿多。值得庆幸的是，俄国化学家德米特里·门捷列夫在19

世纪末揭示了这堆数据中的一些规律，他按照原子量顺序将这些元素排列在一张表中，同时注意到具有相似化学性质的元素在整张表中以特定的周期出现。[①]然而，没人能解释为什么这些元素遵循这样的周期性。

到1911年，人们已经清楚认识到原子并不是最基本的组分，欧内斯特·卢瑟福证明了原子由一个又小又重的原子核和一群围绕着原子核运行的电子组成。到了20世纪20年代，随着量子力学的发展，人们对原子结构有了定量的认识。大致上，围绕着原子核的电子轨道形成了一系列同心壳层，每一层只能容纳一定数量的电子，当电子增多时，壳层会被逐渐填满，而一个原子的化学性质主要取决于最外层电子的数量。当电子开始往新的壳层中填充时，新的元素又会出现与前一层元素类似的性质。[②]这就解释了门捷列夫发现的周期性。

在短短的几年中，物质的基本结构似乎已经被研究透彻。量子力学的奠基人之一保罗·狄拉克在他1929年的论文中宣称："我们完全掌握了大部分物理学与整个化学的数学理论背后的基本物理定律。"但是随后，新的"基本"粒子开始一个接一个地冒出来。

首先，物理学家发现原子核是个复合体，由在强核力作用下结合在一起的质子与中子组成。然后正电子被发现，接着是μ子。[③]当质子在粒子加速器中相撞时，又出现了一些新的短寿命粒子，当然这并不意味着质子一定是由这些粒子组成的。如果你把两台电视机撞在一

---

① 门捷列夫对人类的另一项重要贡献是改善了俄罗斯伏特加的配方。

② 换句话说，任何两个电子层数不同的原子，只要它们的最外层电子的数量相同，就会显示出相似的化学性质。

③ 正电子是电子的反粒子。μ子是一种不稳定的粒子，性质与电子相似，但是质量是电子的200倍。

起，飞出来的碎片当然会是电视机零件，但是在质子对撞的情况下，一些新产生的粒子会比质子本身更重，而多出来的质量就来自质子运动的动能。因此，这些对撞实验并没有揭示质子的内部结构，反而扩充了粒子种类的队伍。到20世纪50年代末，被发现的粒子数量甚至超过了已知的化学元素的数量。①粒子物理学家的先驱之一恩里科·费米说，如果他能记住所有这些粒子的名字，他就能当植物学家了。[1]

20世纪60年代，加州理工学院的默里·盖尔曼和请假完成物理学博士学位的以色列军官尤瓦尔·内埃曼各自独立地做出了突破，为这群任性混乱的粒子带来了秩序。他们注意到，所有的强相互作用粒子（即强子）都具有某种对称模式。盖尔曼和欧洲核子研究组织的乔治·茨威格（George Zweig）随后各自独立地表明，如果所有这些粒子都是由更基本的“砖石”，即盖尔曼所说的夸克构筑而成，就恰好可以解释这种对称模式。这减少了基本粒子的数量，但减少得不多：夸克被分为3种“色”和6种“味”，也就是有18种不同的夸克，它们还有各自对应的反夸克。盖尔曼因揭示强子的对称性而荣获1969年的诺贝尔物理学奖。

与此同时，物理学家在弱相互作用与电磁相互作用的粒子中也发现了某种类似的对称性。这就是弱电理论，由哈佛大学物理学家谢尔登·格拉肖、史蒂文·温伯格以及巴基斯坦物理学家阿卜杜勒·萨拉姆提出，他们也因此共同获得了1979年的诺贝尔物理学奖。依据对称性对粒子进行分类，就类似于化学中的元素周期表。除此之外，物理学家还发现了分别传递三种基本相互作用的“媒介”粒子，即传递电磁力的光子、传递弱相互作用的W粒子和Z粒子，以及传递强相互作用

---

① 这些新粒子中的大部分都不稳定，并且会在短期内衰变为我们熟知的稳定粒子。

的8种胶子。所有这些都为粒子物理的标准模型打下了基础。

标准模型完成于20世纪70年代，该理论给出了一个精确的数学方案，能够确定任何已知粒子相互遭遇后的结果，并且已经在无数的加速器实验中得到了验证，到目前为止，它得到了所有实验数据的支持。标准模型还预测了W粒子、Z粒子以及另外一种夸克的存在及其性质，所有这些粒子后来都被发现了。综上所述，这是一个极其成功的理论。

然而，标准模型显然过于繁复，无法作为终极的自然理论。该模型包含60多种基本粒子，与门捷列夫的元素周期表相比，在基本单元的数量上并没有很大进步。它包含19种可调参数，它们必须由实验确定，但是就该理论本身而言取值可以是完全任意的。此外，还有一个重要的相互作用力——引力，被排除在模型之外。[2]标准模型的成功预示着我们的想法已经走上正轨，但其不足之处又表明，探索仍需继续。[3]

引力的难题

标准模型中引力的缺失不仅仅是一种疏忽。从表面上看，引力和电磁力差不多，比如牛顿的万有引力和电场的库仑力都与距离的平方成反比。然而，所有试图以标准模型中的电磁力理论或者其他相互作用理论为蓝本，来发展引力量子理论的尝试，都遭遇了棘手的问题。

两个带电粒子之间产生电场力是由于光子的不断交换，粒子就像两个篮球运动员，在球场上跑动的同时不断来回传球。同样，引力相互作用也可以被描述为引力场的量子——引力子——之间的交换。只要相互作用的粒子相距甚远，这种描述实际上相当有效，因为此时引力较弱，时空几乎是平直的。（还记得前文说过，引力与时空的曲率相关。）在这种情况下，引力子可以被描述为平直时空中两个相互作用的粒子间跳动的小突起。

然而，如果这两个粒子相距很近，情况就全然不同了。正如我们在第12章中所讨论的，小尺度上的量子涨落使得时空具有类似泡沫的几何结构（见图12.1）。在这样一个混乱无序的环境中，我们完全不知道该如何去描述粒子的运动与相互作用。粒子在平直时空中运动并相互发射引力子的画面显然不适用于这个场景。

只有在小于普朗克长度的距离内，量子引力的影响才变得重要起来。这个距离小得难以想象，它是原子直径的10^{25}分之一。为了探测这样的距离，必须用巨大的能量去粉碎粒子，而这样的能量远远超出了当前最强大的加速器的能力范围。在可以被探测到的较大一些的距离尺度上，时空几何结构上的量子涨落会相互抵消，量子引力也可以毫无顾忌地被忽略不计，但是在我们探索自然的终极定律时，爱因斯坦的广义相对论和量子力学之间的冲突是不容忽视的。不管是引力还是量子现象，都必须在终极理论中得到解释，因此，将引力排除在外的做法并不可取。

和谐的弦

现在大多数物理学家都将希望寄托于一种全新的量子引力方法，这就是弦论，它为所有粒子以及它们之间的所有相互作用提供了一种统一的描述，也是我们当前所掌握的理论中最接近自然基本理论的一种。

弦论认为，电子或者夸克这样被视为基本粒子的点状粒子，事实上都是由弦构成的振动着的小圈，这些弦无限细，小圈的尺寸也与普朗克长度相当。而正因为普朗克长度如此之小，粒子看起来才像是一个个没有结构的点。

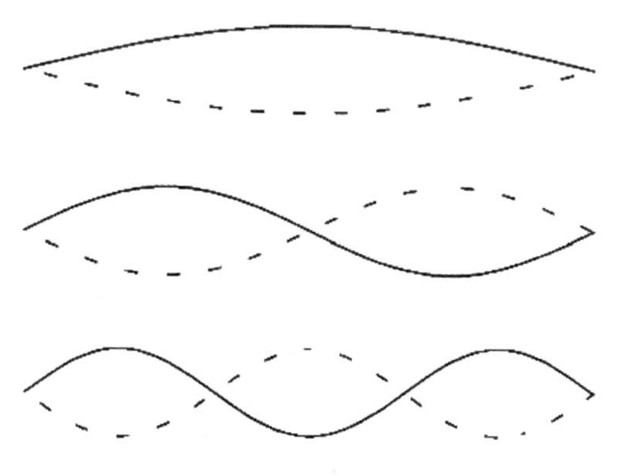

图15.1 一条直弦的几种振动模式

形成小圈的弦高度紧绷，其中的张力使得小环振动，这与小提琴或者钢琴中振动的琴弦类似。图15.1中就展示了几种直弦的振动模式，在这些对应不同音高的振动中，弦呈波浪形，其长度正好是半波长的整数倍，而且倍数越大，对应的音就越高。弦论中小圈（即闭合弦）的振动模式与之相似（见图15.2），但是在这里不同模式的振动对应于不同种类的粒子，而不是音高。粒子的各种性质，诸如质量、电荷量，以及对应于强、弱相互作用的荷载量等，都是由闭合弦精确的振动状态决定的。这样一来，我们就不必为每一种粒子都引入一个新的独立实体，而只需要一个研究对象，那就是弦。所有粒子都是由弦构成的。

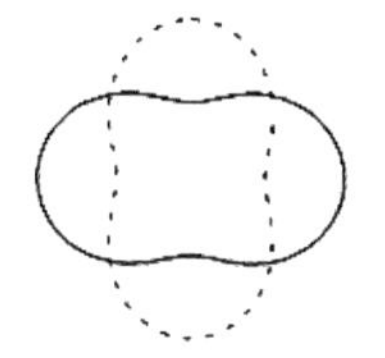
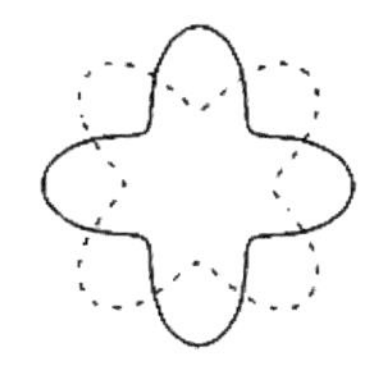

图15.2 闭合弦的振动模式简图

光子、胶子、W粒子和Z粒子这些媒介粒子同样也是振动着的闭合弦，而粒子间的相互作用则可以被描述为闭合弦的断开与结合。最值得注意的是，弦的各种状态中必定包括引力子，也就是传递引力相互作用的粒子，那么将引力与其他相互作用相统一的难题在弦论中将不复存在，因为如果没有引力，该理论本身都无法被构建。

弦论同时还解决了引力与量子力学之间的矛盾。正如我们刚刚所讨论的，这一矛盾源自时空几何结构的量子涨落。如果粒子是数学意义上的点，那么粒子附近将会有疯狂的涨落，使得平滑的时空连续体变为剧烈运动的时空泡沫。而在弦论中，受制于普朗克长度，闭合弦的尺度会是有限小的。普朗克长度恰好也是量子涨落开始失控的距离尺度，但是闭合弦却不受这种亚普朗克涨落的影响，也就是说时空泡沫在开始制造麻烦之前就已经被驯服了，而我们也因此第一次拥有了一个一致的量子引力理论。

1970年，芝加哥大学的南部阳一郎、尼尔斯·玻尔研究所的霍尔格·尼尔森（Holger Nielsen）和叶史瓦大学的伦纳德·萨斯坎德共同提出了粒子可能是弦这一想法。弦论最初被认为是关于强相互作用的理论，但是很快，它就预测了一种无质量的玻色子的存在，而后者在强相互作用粒子中并不能找到对应。1974年，加州理工学院的约翰·施瓦茨（John Schwartz）和巴黎高等师范学校的若埃尔·舍克（Joel Scherk）认识到无质量玻色子具有引力子应有的所有性质，这一发现至关重要。施瓦茨与伦敦玛丽皇后学院的迈克尔·格林（Michael Green）合作，花了十年时间解决了一些微妙的数学问题，并最终证明了这个理论的一致性。

弦论中不包含任何常数，所以也不存在任何修补或者调整，我们所能做的就是揭示其数学框架，看看它是否能够反映真实的世界。然而不幸的是，这个理论的数学运算极其复杂，截至目前①，数百名天赋异禀的物理学家和数学家经过20年的努力，还远远没有把它研究透彻。不过，这方面的研究揭示了一个令人惊叹的、丰富多彩的数学结构，仅凭这一点，就足以向物理学家们表明，他们的研究可能已经走上了正轨。[4]

函数形貌

正如我刚才所提到的，弦论中没有可调参数。我并不是在夸张，真的一个都没有，甚至连空间维度的数量都由理论严格确定下来。然而问题在于，理论给出的答案是错误的，它要求空间应该有9个维度，而不是我们通常认为的3个。

这听上去很尴尬，为什么我们要考虑这样一个与现实明显冲突的理论呢？当然，如果那额外的6个维度被卷曲起来，或者按照物理学家们的说法，被“紧化”，那么就可以避免这个冲突。吸管就是一个简单的紧化的例子，在沿着吸管的方向上它具有较大的尺寸，而垂直于吸管的另一个维度上它卷曲成一个小圆圈。从远处看，吸管就像是一条一维的直线，但是在近处，我们会发现它实际上是一个二维的圆柱表面（见图15.3）。同样地，如果被紧化的维度足够小，那么对于观

图15.3 吸管具有一个二维的圆柱形表面，它在沿着吸管的方向上尺度较大，而在垂直于吸管的另一个小维度上卷曲成一个圆圈

① 本书英文版出版于2006年。——编者注

测者来说这就是不可见的。在弦论中，这些尺度不会比普朗克长度大太多。[5]

这些额外维度的主要问题在于，我们还不清楚它们是如何被紧化的。如果只有一个额外维度，那么就只有一种紧化方法，即将其卷成一个圆；二维表面则可以被紧化为一个球、一个甜甜圈，或者一个有大量“把手”的更为复杂的曲面（见图15.4）；而对于更高的维度，紧化的方式将成倍增加。弦的振动状态取决于额外维度的尺寸和形状，因此每个新的紧化方法都对应于一个新型真空，其中拥有的新型粒子在质量和相互作用这些基本性质上都全然不同。

图15.4　使两个额外维度紧化的不同方法。图中没有显示未经紧化的大型维度

弦论学家们希望这一理论最终可以产生描述我们自己世界的独特的紧化过程，并解释我们所观测到的所有粒子的物理参数数值。[6]在20世纪80年代，随着一些数学突破所带来的兴奋的浪潮，这个目标看上去即将达成，弦论也被认为是未来的“万有理论”——对于一个尚未做出任何可观测预测的理论来说，这个要求有点儿太高了！但是渐渐地，出乎意料的情况出现了：这个理论似乎允许数千种不同的紧化。

雪上加霜的是，到了20世纪90年代中期，一些意想不到的新进展使得事情变得更糟了。随着对弦论的数学研究逐渐深入，大家开始清楚地认识到，除了一维的弦，这个理论中还必须包括二维的薄膜状物体，以及一些更高维的类似物，所有这些新成员被统称为膜。①振动的小膜看上去很像粒子，但是它们又大又重，粒子加速器无法产生它们。[7]

膜有一个令人不快的副作用，它们大幅增加了构建新型真空的方法的数量。一张膜可以像橡皮筋那样包裹在一些紧化维度的周围，每一个这样的新的稳定膜结构都提供了一个新型真空。你可以用紧化空间的每一个“把手”去包裹一个、两个，甚至更多的膜，由于把手数量众多，相应的包裹方式总数也极为庞大。这个理论的方程中没有可调常数，但是它们的解（用以描述不同的真空态）包含了几百个特征参数，比如紧化维度的尺寸、膜的位置等等。

如果我们只有一个参数，它就与普通粒子理论中的标量场非常相似。正如我们在之前的章节中所讨论的，它将像能量函数中的小球那样，滚到离它最近的能量密度最小的地方。如果有两个参数，函数形貌将是如图15.5所示的二维结构，其中包含许多最大值（山峰）和最小值（山谷），而一个最小值就代表一个真空态，它的高度就是相应的真空能量密度（即宇宙学常数）。

弦论中包含的参数要多得多，因此它的真实的能量函数形貌要比图中所示的复杂得多。要考虑到所有的参数，我们需要一个拥有几百个维度的空间，它无法在一张纸上画出来，但是我们仍然可以从数学上对其进行分析。据粗略估计，它包含10^{500}个不同的真空，其中有些

① 该理论还包括许多其他的实体对象，比如通量（flux），它与磁场非常相似，但我不会讨论它们。

图15.5 二维的能量函数形貌。每个维度都代表一个弦论真空的特征参数。注意，这里的维度不同于普通的空间维度

真空和我们的类似，而另一些拥有全然不同的自然常数，还有一些差异更大，甚至拥有完全不同的粒子和相互作用，或者拥有三个以上的大型空间维度。

随着函数形貌轮廓的出现，从弦论中推导出与我们世界对应的独一无二的真空的希望迅速消失，但是弦论学家们拒绝接受现实，他们还不打算认输。

翻腾起泡的宇宙

率先打破困局的物理学家是现就职于加州大学伯克利分校的拉斐尔·布索（Raphael Bousso）和圣巴巴拉卡弗里理论物理研究所的约瑟夫·波尔钦斯基。还记得波尔钦斯基吗？他是一个无法忍受人择原理的弦论学家，还承诺如果宇宙学常数被发现，他就会退出物理学界。[①]

① 物理学家发现弦论必须包括不同维度的膜，主要就是归功于波尔钦斯基的工作。

幸运的是，他变卦了，不管是关于放弃物理学，还是关于人择原理。

布索和波尔钦斯基将弦论函数形貌（被称为景观）与暴胀宇宙学的思想相结合，认为在永恒暴胀中，所有有可能存在的真空区域都将被创造出来。能量最高的真空暴胀得最快。能量较低的真空泡会在暴胀背景中逐渐成核并扩张（正如第5章和第6章中讨论过的，古斯最初提出的暴胀场景），真空泡内部会以一个较低的速率暴胀，而能量更低的真空泡将在其内部成核（见图15.6）。①由此，我们得以探索整个弦论的景观：无数的真空泡将会形成，其中充满了每一种可能存在的真空。[8]

图15.6 充满低能量真空的宇宙泡在暴胀的高能量背景中成核，而能量更低的宇宙泡又在前者内部成核

我们生活在其中一个真空泡里，但是理论没有告诉我们具体是哪一个。只有极小一部分真空泡适合生命居住，而我们必然会发现自己就处于其中一个罕见的泡中。令许多弦论学家沮丧的是，这恰恰是人

① 高能量密度的真空泡也有可能形成，尽管可能性低很多。

择论证所假设的画面。如果弦论真的是现实世界的终极理论，那么人择的世界观似乎就不可避免了。

需要指出的是，弦论的景观还远远没有被完全绘出。为了得到一个真实的宇宙，其中的某些斜面必须非常平缓，以确保慢滚暴胀能够发生，而最近的研究表明，函数中的确有这样的区域存在。我们也应该寻找更平缓一些的斜面，以符合林德关于可变宇宙学“常数”的标量场模型（如第13章中所述）。虽然迄今为止尚未有任何发现，但是布索和波尔钦斯基认为，弦论景观中存在着数量惊人的真空，其中必然有一个合适的选择。

与林德模型中连续的真空能量密度不同，弦论景观给出了一组离散的取值。通常来讲，这样做是有问题的，因为只有很少一部分取值（约为10^{120}分之一）会落在人择原理允许的取值范围内，而如果真空数量少于10^{120}个，那么可能落在这个范围内的取值一个都没有。但是现在，弦论的能量函数中包含10^{500}个真空，这将是一组排列得非常紧密的取值，看起来几乎就是连续的，我们也因此可以预料到，这些数量惊人的真空中一定会有某些宇宙学常数处于人择原理允许范围内。那么，平庸原理就可以照常使用，而且毫不影响对宇宙学常数观测值的成功预测。

21世纪的计划

布索和波尔钦斯基发表于2000年的论文确实引起了轰动，但是三年后，当弦论的发明者之一、斯坦福大学的伦纳德·萨斯坎德也加入该研究之后，这一理论获得了压倒性的优势。萨斯坎德是一位善于独立思考的学者，极具魅力和感召力，同时有着非凡的说服力，每个人都会想要拉拢他。

布索和波尔钦斯基的论文刚刚发表时，萨斯坎德对此仍然不服气，他认为论文中所设想的众多真空的存在更多地依赖于猜想，而不是数学事实。但是随后几年的研究进展表明，这些猜想基本正确。2003年，萨斯坎德开始全力推广他所说的“弦论的人择景观”，他认为，弦论中真空的多样性首次为人择论证提供了坚实的科学依据，因此弦论学家们应该接受人择原理，而不是反抗它。

不到一年的时间内，每个人都在谈论这个想法，探讨多元真空以及其他人择原理相关问题的论文数量由2002年的4篇增长为2004年的32篇。当然，并不是所有人都对事态的转变感到满意。“我讨厌这个想法，”保罗·斯坦哈特说道，“我希望它能消失。”[9] 2004年诺贝尔奖得主戴维·格罗斯则认为，接受人择原理就相当于放弃了人类唯一性的理想，他引用温斯顿·丘吉尔的话说“永远、永远、永远、永不放弃”。在克利夫兰的一次学术会议上，他向我抱怨说人择原理像病毒一样，一旦接触，你就会输给它。“爱德华·威滕（Edward Witten）[①]极度讨厌这个想法，”萨斯坎德说，“但是有人跟我说他很焦虑，因为这个想法有可能是对的。他对此很不高兴，但是我觉得他其实知道这是正确的研究方向。”[10]

如果这种思想是正确的，那么解释这些被观测到的自然常数并不是一件容易的事。首先我们需要绘制出这种能量景观，其中会有哪些真空种类？每种有多少个？对于10^{500}个真空来说，详细表征其中的每一个是完全不现实的，因此我们需要某种统计性的描述。我们还需要

---

① 爱德华·威滕是一位一流的弦论学家，他于1990年获得了菲尔兹奖，这一奖项被看作数学界的诺贝尔奖。

估计一个真空泡在另一个真空内部形成的概率。在了解了所有这些信息之后，我们才能发展出一个永恒暴胀宇宙的模型，其中的真空泡正如图15.6所示的那样层层嵌套。我们一旦掌握这个模型，就可以运用平庸原理来确定我们生活在某一真空中的概率。

对于这样一个计划，我们刚刚迈出了试探性的第一步，面前还有许多艰巨的挑战。伦纳德·萨斯坎德写道："但是，我敢打赌，当我们迎来22世纪的时候，哲学家们和物理学家们将充满怀念地看着现在，并回忆起一个黄金时代，在这个时代，20世纪的狭义的宇宙观念让位于一个更大、更好的超大型宇宙，其中充斥着令人难以置信的一切。"[11]

第四部分

开始之前

第16章 宇宙有开端吗？

所有这些创造都有它自己的起源，……他从最高的天国俯瞰这一切，他无所不知，或许他一无所知。

——《梨俱吠陀》

宇宙蛋难题

古代的创世神话往往表现出奇妙的独创性，但是追根究底，它们只有两个基本的选择：宇宙要么是在有限的时间以前被创造的，要么就是永恒存在的。[1]

以下是神圣的印度教经文《奥义书》中描述的场景：

> 起初，世界并不存在，后来它开始出现。它变成了一个蛋。这个蛋静躺了一年之久。然后蛋壳破开……从里面生出了太阳神阿迭多。他出生时被欢呼声环绕，所有被渴慕的生物和事物也都依偎在旁。

这个想法看起来很简单，但是不幸的是，它和其他每一个创世神话一样，都有一个严重的缺陷。古人很清楚这个问题，9世纪时，印度诗人阇那斯纳写道：

> 一些蠢人宣称造物主创造了世界。这类创世理论是不明智

的，应该予以拒绝。

如果神创造了世界，那么在创世之前他在哪里？……

神怎么能在没有原材料的情况下创造世界呢？如果你说他先创造了原材料，再创造世界，那这将是无止境的循环递归。……

因此，神创造世界的理论毫无意义。……

要知道，世界是不能被创造的，就像时间一样，没有开始也没有终结……不能被创造也不能被摧毁，它只受制于自己的本性并将这样持续下去……[2]

这样的批判适用于所有描述宇宙起源的场景，无论是上帝创世的神话，还是宇宙蛋的故事，抑或是像现代宇宙学的大爆炸模型这样的“自然”创世理论。[3]

根据大爆炸理论，我们周围的所有物质都是在约140亿年前从一个炽热的宇宙火球中产生出来的。但是这个火球又是从哪里来的呢？暴胀理论已经表明，膨胀的火球可能来自一个微小的伪真空块。然而问题仍然存在：这个原始的小块最初又从何而来？暴胀之前究竟发生了什么？

基本来说，宇宙学家们并不急于解决这一棘手的问题，事实上这个问题也很难得到一个令人满意的答案。不管答案是什么，人们总是可以问“那在此之前发生了什么”，这就是阇那斯纳所说的“无止境的循环递归”。然而，在20世纪80年代，永恒暴胀理论的发展似乎提供了一个更具吸引力的替代方案。

一个永恒暴胀的宇宙由膨胀的伪真空“海洋”组成，后者不断产生“宇宙岛”，我们也正生活在其中一个宇宙岛里。因此，暴胀是一个永无止境的过程，这个过程虽然在我们的宇宙岛内已经结束，但是在其他遥远的区域仍在无限地继续。然而如果暴胀会一直持续下去，那么也许它在过去也并没有一个起点，这样我们就会有一个没有起点也没有终点的永恒暴胀宇宙，那些令人困惑的宇宙起源问题也会随之消除。这幅图景让人想起了20世纪四五十年代的稳恒态宇宙学，一些人觉得这个想法很有吸引力。

循环的宇宙

除了稳恒态宇宙，还有一种方法可以使宇宙成为永恒。印度教教徒们很久以前就想到这一点了，他们用湿婆的舞蹈来象征无休止的创造与毁灭的循环。“他从狂喜中升腾、舞蹈，觉醒之音穿透混沌。”这就是宇宙的诞生，但是随后“到了那一天，舞蹈仍在继续，他用火摧毁了所有的形与名，并赐予它们安息。”[4]

在宇宙学中，有一个与之极其相似的观点——一个在膨胀与收缩间反复循环的振荡的宇宙。这一观点曾在20世纪30年代短暂流行，但是由于与热力学第二定律有明显冲突，后来便不再受欢迎。

根据热力学第二定律要求，反映无序程度的熵应该随着宇宙的演化周期而增加。如果宇宙已经经历了无数次循环，那么它应该已经达到了热平衡的熵值最大的状态，这就是我之前提到的“热寂”问题。我们当然不会发现自己处于这样的状态中。

振荡宇宙的观点被抛弃了半个多世纪，但是在2002年，经过保罗·斯坦哈特和剑桥大学的尼尔·图罗克（Neil Turok）的重新包装，这一观点又复活了。和早期模型一样，他们提出宇宙在无休止的膨胀和收缩中循环往复，每一次循环都始于一个炽热的、膨胀的火球。随着火球膨胀冷却，星系形成了，真空能也很快在宇宙中占据主导地位，此时的宇宙开始进入指数级膨胀阶段，其大小大约每100亿年左右翻一番。在经历了数万亿年的超级缓慢的暴胀之后，宇宙变得非常均匀、各向同性，而且平直。随着膨胀速率减缓并最终转变为收缩，宇宙开始重新坍缩并立即反弹，进入一个新的循环周期，而坍缩中产生的一部分能量会被用于形成物质的炽热火球。[5]

斯坦哈特和图罗克认为，他们的理论场景中不存在关于宇宙开端的难题，宇宙一直在经历着同样的周期，因此并没有一个开端。热寂的问题同样也是可以避免的，因为一个周期中的膨胀量大于收缩量，所以宇宙体积在每一个周期结束后都会有所增加。目前，我们可见区域的熵值与前一周期中类似区域的值相同，但是整个宇宙的熵值增加了，这仅仅是因为现在的宇宙体积更大了。随着时间的推移，不管是熵还是宇宙的总体积都会无止境地增长，那么熵值就永远不会达到最大的状态，因为并不存在一个最大熵值。

因此，我们似乎有两种可能的模式来建立一个没有开端的永恒宇宙，一种基于永恒暴胀，另一种基于循环演化。然而，事实证明，无论哪一种都不能完整地描述宇宙。

德西特空间

当物理学家想要研究某个现象时，他首先会最大限度地简化这一现象，将它最基本的元素提取出来。在永恒暴胀的例子中，我们可以排除所有的宇宙岛，只保留暴胀的伪真空海洋。此外，我们可以假设宇宙是均匀且各向同性的，就像弗里德曼的模型所描述的那样。有了这些简化，就可以轻易解出暴胀宇宙的爱因斯坦方程了。

方程的解具有三维球面的几何性质，其半径在遥远的过去曾经非常大，然后收缩了。收缩的速率在伪真空斥引力的作用下逐渐减缓，直到球面静止片刻后重新开始膨胀。现在斥引力沿着运动方向做功，因此球面加速膨胀，其半径呈指数级增长，而增长的倍增时间取决于伪真空的能量密度。[①]

在广义相对论的发展初期，上述的方程解就已经为人所知，它被称为德西特时空，以荷兰天文学家威廉·德西特（Willem de Sitter）的名字命名。后者于1917年发现这一解法。该时空如图16.1所示。在德西特时空内，只有在球状宇宙到达其最小半径之后，暴胀才会开始，而一旦开始，这种指数级的膨胀就将永远持续下去，所以暴胀才是永恒的未来。

但是如果我们考虑到宇宙岛的形成，这些宇宙岛将会在时空的收缩区域内碰撞合并，并将迅速充满整个空间，那么伪真空将会被完全消除，而宇宙也会继续坍缩并最终引起大挤压。因此，暴胀并不能延

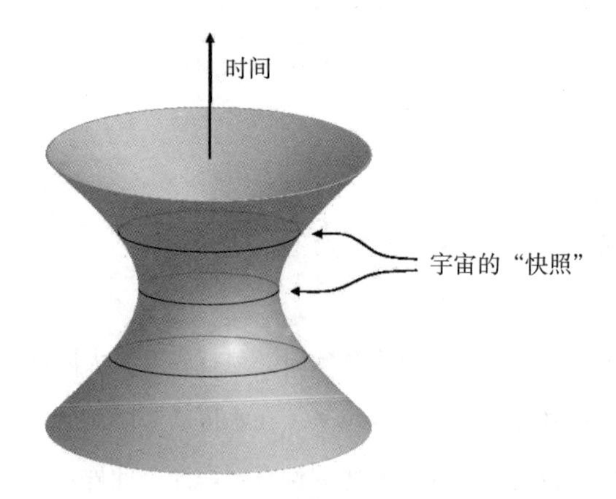

图16.1　德西特时空，它的三个空间维度中有两个被压缩。时空的水平切片表示不同时刻下宇宙的“快照”。对于一个四维时空而言，切片表示一个三维的球状空间

① 球面的最小半径大致等于暴胀的一个倍增时间内光通过的距离。

伸到无穷的过去，它们一定会有某种形式的开端。

然而，我们应当牢记，这些结论都是在对暴胀模型做了最大程度简化之后得到的，即假设宇宙是均匀且各向同性的。但事实上，在比当前视界大得多的尺度上，宇宙很有可能是非常不均匀的、各向异性的，那么我们所推导出的德西特时空的收缩阶段，是否只是简化假设带来的假象呢？是否有可能在更常规的时空中避免宇宙开端的问题呢？

排除不合理的怀疑

直到最近，我与南安普敦学院的阿尔温德·博尔德（Arvind Borde）以及阿兰·古斯合作了一篇论文之后，这些疑虑才被解决。我们在论文中证明的定理简单得令人吃惊，其证明过程没有超出高中数学的难度，但是它对宇宙起源问题的影响是非常深远的。

博尔德、古斯和我研究了膨胀的宇宙在不同观测者眼中长什么样子。我们设想了一群假想中的观测者，他们在引力和惯性的作用下穿过宇宙，并记录下他们的见闻。如果宇宙没有开端，那么这些观测者的历史都应该可以回溯到无限的过去，而我们的证明显示，这种假设将导致矛盾的结论。

首先我们需要建立这样一幅场景，即假设我们本区域内每一个星系中都有一个观测者。由于宇宙在膨胀，每个观测者都会看到其他人正在远离。在时间与空间的一些区域内，可能并没有星系存在，但是我们仍然可以想象整个宇宙中撒满了观测者，而这些观测者正在彼此远离。[①]我们将这一类观测者命名为“旁观者”。

① 这一类观测者的存在可以作为宇宙膨胀的某种定义。

还有另一位观测者，他相对于旁观者是运动的，我们称之为“太空旅行者”。他关掉了太空飞船的引擎，只依靠惯性运动，并且将一直永远这样。当他经过旁观者时，旁观者会记录下他的速度。

由于旁观者在彼此远离，那么在连续路过多个旁观者时，太空旅行者相对于每一个旁观者的速度都将小于他相对于前一个旁观者的速度。比如，我们假设太空旅行者刚刚以10万千米每秒的相对速度掠过地球，现在正朝着一个10亿光年外的遥远星系前进，而该星系正以2万千米每秒的速度远离地球。那么当太空旅行者到达该星系时，星系中的旁观者会看到他以8万千米每秒的速度移动。

如果在未来太空旅行者相对于旁观者的速度变得越来越小，那么回溯过去，他的速度应该会越来越大。极限情况下，他的速度应该无限接近光速。

我、博尔德和古斯的这篇论文的独到见解是，当我们回到过去，在旁观者的时钟上显示为无限远的过去时，太空旅行者自己的时钟所经过的时间依然是有限的。其原因在于，根据爱因斯坦的相对论，运动中的时钟会变慢，越接近光速，时钟走得越慢。当时间倒流，太空旅行者的速度接近光速时，他的时钟基本上也就停止了。上述这些是从旁观者的角度来看的，但是太空旅行者自己并没有注意到任何异常。那些旁观者所感知到的被拉伸成永恒的冻结时刻，对于太空旅行者来说，只是一个再平常不过的时刻，按照时间顺序一个接一个地到来。与旁观者的历史相似，太空旅行者的历史也应该延伸回无限的过去。

太空旅行者的时钟所经历的时间是有限的，这一事实表明我们并未掌握他的全部历史，这就意味着宇宙过去的历史中某些部分是缺失的。但这一结论并未包含在该模型中，因此，整个时空中遍布着观测者这一假设的前提条件导致了矛盾的结论，那么这个假设就是错误的。[6]

这一推导过程的最非凡之处在于它具有广泛的普适性。我们没有就宇宙的物质含量做任何假设，甚至没有假设爱因斯坦场方程描述了引力。因此，即便爱因斯坦的引力方程有任何改动，也不会影响我们的结论成立。我们所做的唯一假设就是宇宙的膨胀速率永远不会低于某个非零值，无论这个值有多小。[7]在暴胀着的伪真空中，这一假设当然应该得以满足。那么我们的结论就是，过去的永恒暴胀不可能没有一个开端。

那循环宇宙呢？它有交替出现的膨胀与收缩的周期，这能帮助宇宙逃出该推导的魔爪吗？答案是否定的。为了避免热寂的问题，循环宇宙必不可少的特征之一，就是宇宙体积在每一个周期结束后都会增加，因此平均下来宇宙还是在膨胀中。我们的论文表明，膨胀的后果之一就是，当我们从时间上回溯过去，平均下来太空旅行者的速度是在增加的，直至逼近光速极限。因此，同样的结论也适用于循环宇宙。[8]

有人说，用论证可以说服理性的人，而通过滴水不漏的证明，甚至连不明理的人也能被说服。有了证明，宇宙学家再也无法躲在过去那个永恒宇宙存在的可能性的背后了，他们不能再逃避了，必须直面宇宙开端的问题。

* * *

与阿兰·古斯的合作是一次难忘的经历。关于这个证明的想法出现在我、阿兰，还有阿尔温德的电子邮件往来中，2001年8月，我们三人在我位于塔夫茨大学的办公室见面，花了两个小时在黑板前将细节一一敲定。随后我们在一个月内就写好了论文，并提交给《物理评论快报》期刊。令我惊讶的是，阿兰和他那久负盛名的拖延症哪儿去了？然而我并没有失望，几个月之后，编辑将审稿人的意见发给我们，要求我们澄清证明中的一些要点，这时以前那个阿兰又闪耀回归了。他的回复邮件来得一封比一封迟，标题都是“目前正忙”或者“尚未完成”这样的字眼。而当他终于有时间花在这篇论文上时，似乎也总是纠结于我们应该感谢“一位匿名审稿人”还是“这位匿名审稿人”这样咬文嚼字的问题上，他甚至详细探讨了这两种说法的优缺点。阿兰可能也意识到他修改论文花费的时间太久了，某天他写道：“我应该感谢你们没开枪打我”。公平起见，我必须说，他的确也花了一些时间来处理更实质性的问题，而这旷日持久的修改过程也的确使论文有了显著改善。最终，论文发表于2003年4月。[9]

上帝存在的证明？

神学家们尤其乐于见到任何有关宇宙开端的证据，并将其视为能证明上帝存在的证据。20世纪50年代，支持宇宙大爆炸的证据不断累积，激发了神学界以及一些具有宗教倾向的科学家的热情。“说到宇宙的原动力，”英国物理学家爱德华·米尔恩写道，“在膨胀的大背景下，这是留给读者想象的部分。但是如果没有上帝，我们的构想就不完整了。”[10]大爆炸理论甚至得到了教会的官方认可，教皇庇护十二世在1951年对梵蒂冈教皇科学院的讲话中说：“宇宙出自造物主之手，这一过程已经通过有根据的推理得到确认。因此，创世确有其事。因此，造物主确有其‘人’。因此，上帝存在！”[11]

教皇对此兴高采烈，而出于同样的原因，大多数科学家本能地抗拒宇宙开端的想法。诺贝尔化学奖得主、德国化学家瓦尔特·能斯特写道："否认时间的无限延续，将是对科学基础的背叛。"宇宙的开端看起来太像神的干预了，似乎不可能科学地描述它，在这一点上科学家和神学家似乎达成了一致。

那么，我们要怎样理解证明宇宙开端是不可避免的这项工作呢?这是证明上帝存在的一项证据吗?这种观点未免太过简单化了。任何试图理解宇宙起源的人都必须做好解决宇宙逻辑悖论的准备。在这方面，我与同事们一起证明的定理并没有给神学家带来压倒科学家的优势。正如阇那斯纳在本章开篇的评论中说的那样，宗教也并不能幸免于创世的悖论。

此外，科学家们早早地承认宇宙的开端无法用纯粹的科学术语来描述或许过于轻率了。诚然，这一点很难做到，但是那些看似不可能的事情往往只是反映了我们想象力的局限性。

第17章 无中生有

无中生有是不可能的。

——卢克莱修

隧道尽头的暴胀

回到1982年，暴胀仍然是一个非常新的领域，充满了无人涉足的想法和极具挑战的难题，对于一名有抱负的年轻宇宙学家来说可谓是一座金矿。其中最耐人寻味，同时也可能是与宇宙现状关联性最小的问题，就是暴胀是如何开始的。因为暴胀宇宙会迅速“忘记”自己的初始状态，所以暴胀开始时的宇宙状态对之后发生的事情并没有太大影响。因此，如果你准备通过观测研究暴胀，你就不应该在暴胀是如何开始的这个问题上浪费时间。但是这个关于开端的困惑仍然存在，而且无法避免，也像磁铁一样吸引着我。

乍一看，这个问题相对简单。我们知道一小块充满伪真空的空间区域足以驱动暴胀，所以我只需要弄清楚，这样一个区域是如何在宇宙的早期状态中产生的。

当时的主流观点基于弗里德曼模型，即宇宙由一个曲率和物质密度无限大的奇异态膨胀而来。假设宇宙中充满了高能的伪真空，那么任何原始存在的物质都会被稀释，而真空能将最终占据主导地位。此时，真空的斥引力开始发挥作用，暴胀也随之开始了。

这个描述完全没有问题，但它没有解释为什么宇宙一开始会膨胀。暴胀模型的成果之一就是解释了宇宙的膨胀。然而，看起来我们需要在暴胀开始之前就让宇宙膨胀起来，因为在初始状态下，物质之间的吸引力要比真空的斥引力强得多，所以，如果初始阶段没有一个强烈的爆炸，宇宙就会直接坍缩，而暴胀将永远不会开始。

面对这一观点，我沉思了一会儿。这个逻辑非常简单直接，看起来没有别的出路。然后，突然间，我意识到除了坍缩之外，宇宙也许还可以做一些更有趣、更具戏剧性的事情……

假设我们有一个闭合的球状宇宙，其中充满了伪真空和一定量的普通物质。再假设这个宇宙暂时静止，既不膨胀也不收缩。宇宙的未来将取决于它的半径，如果半径小，物质将会被压缩到高密度状态，宇宙也将坍缩成一个点；而如果半径大，真空能将占据主导地位，宇宙则将膨胀。小半径与大半径的状态之间由能量势垒分隔开，除非给宇宙一个较大的膨胀速度，否则它无法跨越势垒。

我突然意识到的是，小型宇宙的坍缩无法避免，只是经典物理学得出的结论。在量子物理中，宇宙可以通过隧穿效应穿过能量势垒，出现在另一边，就像伽莫夫的放射性衰变理论中的核粒子那样。

这看起来像是一个简洁漂亮的解决方案。刚开始宇宙非常小，而且极有可能坍缩成一个奇点，但是存在很小的可能性使得宇宙不会坍缩，而是穿过势垒进入更大的半径，并开始暴胀（见图17.1）。因此，在更宏伟的宇宙图景中，会存在大量的失败宇宙，它们转瞬即逝，但是也有一些幸运的宇宙将渐渐长大。

我觉得我取得了一些进展，于是我继续思考。初始宇宙有尺寸下限吗？如果我们让宇宙越变越小，会发生什么呢？令我感到吃惊的是，我发现当宇宙初始尺寸趋近于零时，隧穿概率并没有随之消失。

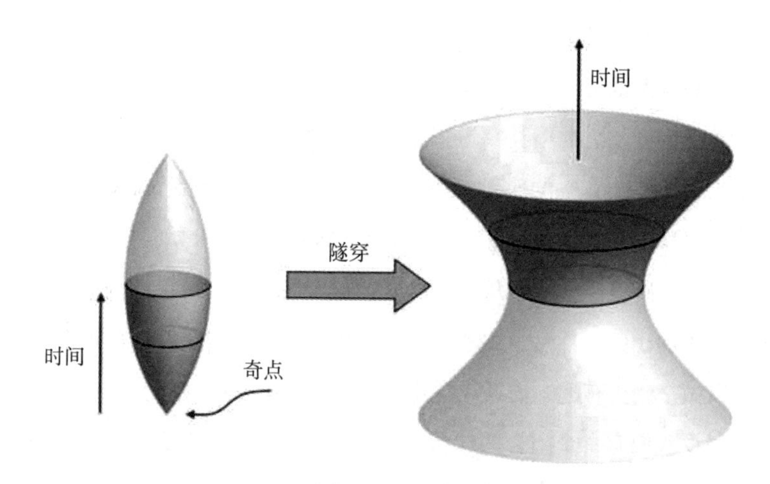

图17.1　左边的时空关系图显示的是一个闭合的弗里德曼宇宙由一个奇点开始膨胀、达到最大半径后重新坍缩的过程。时间沿竖直方向增长，水平面上的圆圈代表不同时刻的宇宙快照。右边显示的是一个由真空能主导的宇宙，它收缩之后重新膨胀（德西特时空）。而左边的宇宙除了重新坍缩之外，还可以通过隧穿效应，穿过能量势垒进入更大的半径并开始膨胀。这样，宇宙的时空历史将包括图中两个时空的阴影部分

我还注意到，当我允许宇宙初始半径消失时，计算反而被大大简化了。这真是疯了！这就是说，我得到了一个数学模型，可以描述宇宙从零尺寸隧穿到一个有限半径并开始暴胀的过程。这是一个无中生有的过程！这样看来，初始宇宙并不是必需的。

始于“无”的隧穿

宇宙从无到有的过程着实令人困惑。这里的“无”到底是什么意思呢？如果这个“无”能够隧穿进入别的区域，是什么导致了这个隧穿事件呢？这一过程中的能量又是如何守恒的？随着我的不断思考，这个想法似乎越来越有意义了。

隧穿之前的初始状态是一个没有半径的宇宙，也就是，根本没有宇宙。这是一种非常奇特的状态，没有物质，没有空间，也没有时间。只有当宇宙中发生一些事情的时候，时间才有意义。通常我们会用地球自转、地球绕太阳公转等一些周期性过程来度量时间，但是当空间和物质都不存在的时候，时间是不可能被定义的。

然而，这种“无”的状态并不能被定义为绝对的空无一物。隧穿效应由量子力学定律描述，因此“无”也应该服从这些定律。即便没有宇宙，物理学定律也是必然存在的，我将在第19章中对此做进一步讨论。

隧穿事件产生了一个尺寸有限的宇宙，它被一个伪真空填充，从虚无中突然冒出来，随后直接开始暴胀。新生宇宙的半径由真空能量密度决定，能量密度越高，半径越小。对于大统一真空来说，它的初始半径只有百万亿分之一厘米，但是由于暴胀，这个小小的宇宙将以惊人的速度增长，会在远小于1秒的时间内膨胀到远远大于我们可观测范围的尺度。

如果在宇宙爆发之前什么都没有，那么导致隧穿的原因是什么呢？值得注意的是，这个问题的答案是：不需要任何原因。在经典物理学中，因果律决定了事件发生的顺序，但是在量子力学中，物体的行为本身是不可预测的，一些量子过程也完全事出无因。以放射性原子为例，它具有衰变的可能性，这种特性不随时间的变化而变化，就是说它最终会衰变，但是并没有什么原因能导致它在特定时刻衰变。宇宙的成核也是这样一个不需要原因的量子过程。

我们所认知的大部分概念都基于空间与时间，所以要靠想象创造一个无中生有的宇宙并不容易。我们无法想象自己坐在一片虚无之中，等待着宇宙变为现实，因为没有空间可以让你“坐”，也没有时间可以来“等待”。

在最近提出的一些基于弦论的模型中，我们的宇宙是一个漂浮于高维空间中的三维膜。在这一模型中，我们可以想象一个高维的观测者看着一个个小小的宇宙泡——即“膜宇宙”四处冒出来，就像蒸汽气泡从沸水中冒出来一样。我们生活在其中一个泡泡上，它是一个正在膨胀的三维球面膜。对于我们来说，这个膜是唯一的空间，我们既不能摆脱它，也无法想象它之外的维度。当我们回溯这个宇宙泡的历史时，我们最多只能到达它成核的时刻，在那之前，我们的空间和时间都消失了。

从这一图景出发，很容易就能得到我最初提出的理论。直接移除更高维的空间，从我们的内部角度看来，这一操作不会改变任何事。我们生活在一个闭合的三维空间内，但是这个空间并不漂浮在任何地方。当我们回溯过去，会发现我们的宇宙有个开端，在开端之前，时空并不存在。

用所谓的“欧几里得时间”，可以得到关于量子隧穿的优雅的数学描述。这与你用手表测量的时间不同，它使用 $\sqrt{-1}$ 这样的虚数表示，引入这个量仅仅是为了方便计算。将时间欧几里得化会对时空特性产生一个特殊的影响，使得时间与三维空间的区别完全消失，“时空”将被一个四维空间所取代。如果我们生活在欧几里得时间中，我们可以像丈量长度那样，用尺子丈量时间。虽然这看上去相当古怪，但是时间的欧几里得化表述非常有用，它为确定宇宙刚刚出现时的隧穿概率和宇宙初始状态提供了一个便捷的方法。

宇宙的诞生可以用图 17.2 中的时空关系图来描述。底部的深色半球代表量子隧穿（在这部分时空中时间被欧几里得化），它上面的浅色部分代表暴胀宇宙的时空，两个时空区域的交界就是成核时的宇宙。

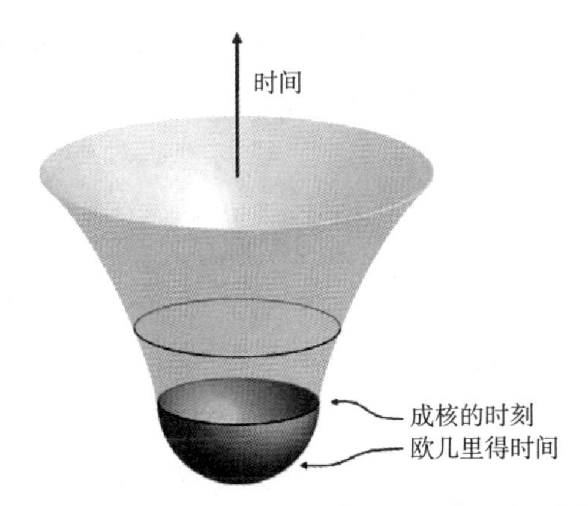

图17.2 该时空关系图表示宇宙从“一无所有”开始隧穿的过程

这种时空的一个显著特征就是它不具有奇异性。弗里德曼时空在起点处有一个曲率无限大的奇点，爱因斯坦场方程的数学推演在此失效，如图17.1左侧底部的尖端所示。与此相对，欧几里得时空的球状区域内就不存在这样的点，它在每一处都具有相同的有限曲率。这是第一次对宇宙诞生进行的数学上一致的描述。而图17.2中，那个看起来像羽毛球的时空关系图，现在已经成为塔夫茨宇宙学研究所的标志。

我将以上这些想法写成了一篇标题为《无中生有的宇宙》的短文。[1]在将其提交给一本期刊之前，我拜访了普林斯顿大学的马尔科姆·佩里（Malcolm Perry），并与他讨论了这些想法。佩里是量子引力理论方面的著名专家。在黑板前演算了一个小时后，他说：“好吧，这也许不算太疯狂……但是我自己怎么没有想到这些？”这简直是从物理学同行那里能得到的最棒的赞美了！

量子涨落的宇宙

我的无中生有宇宙模型并不是无中生有的，它建立在一些前辈的研究基础上。第一个此类提议来自纽约大学亨特学院的爱德华·特赖恩（Edward Tryon），他提出了量子涨落让宇宙从真空中诞生的想法。

在1970年的一次物理研讨会上，他第一次产生了这个想法。特赖恩说，这个想法像一道闪电击中了他，好像是有人突然向他泄露了一些天机。当主讲人中断演讲来听取他的想法时，他脱口而出："宇宙可能是一个真空涨落！"顿时全场哄堂大笑。[2]

正如我们前面所讨论的，真空绝对不是沉闷的或者静止不变的，它每时每刻都充满了复杂的活动。在无法预知的量子冲击的作用下，电场、磁场或者其他的场在亚原子尺度上持续涨落。时空的几何结构同样也在涨落，这导致了在普朗克尺度上疯狂地出现时空泡沫。此外，空间中充满了所谓的虚粒子，这些粒子会从各处自发出现，并立即消失。虚粒子寿命非常短，因为它们依靠借来的能量存活。有借就有还，根据海森堡不确定性原理，从真空中借的能量越多，归还的速度就越快。虚电子和虚正电子一般会在万亿分之一纳秒左右消失，而更重的粒子则会在更短的时间内消失，因为它们需要更多的能量。特赖恩认为，我们的整个宇宙，以及其中包括的大量物质，就是一个巨大的量子涨落，但是不知道为什么100亿年来都没有消失。大家都觉得这是一个非常滑稽的笑话。

但是特赖恩并不是在开玩笑，同事们的反应令他备受打击，以至于忘记了这个想法，并压制了对这整件事的记忆。但是这一想法一直在他内心深处持续酝酿，并在三年后重新浮现。这一次，特赖恩决定将它发表出来。他的论文于1973年发表在英国科学期刊《自然》上，标题为《宇宙是一个真空涨落吗？》。

特赖恩的理论基于一个众所周知的数学事实，那就是闭合宇宙的总能量总是等于零。物质的能量是正的，引力的能量是负的，而事实证明，在闭合宇宙中，这两者的贡献完全相互抵消。因此，如果一个闭合宇宙被认为是量子涨落，那么就没有必要向真空借用能量，而涨落的寿命也可能是任意长的。

图 17.3 演示了一个闭合宇宙从真空中产生的过程。平直空间的某个区域开始隆起，形成气球一样的形状，同时，该区域也自发形成了数量惊人的粒子。气球最终脱离，然后我们就得到了一个充满物质的闭合宇宙，它与原来的平直空间完全分离。[3]特赖恩认为我们的宇宙可能是以这样的方式开始的，他同时强调，这样的创世事件并不需要任何原因。“关于为什么这件事会发生，”他写道，“我有一个小小的提议，那就是，我们的宇宙只是一件会时不时发生的普通事件。”[4]

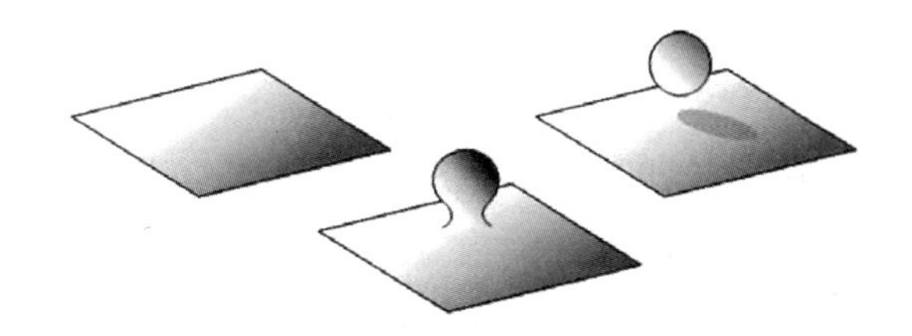

图 17.3　一个闭合宇宙从平坦空间中脱离

特赖恩的想法的主要问题是，他没能解释为什么宇宙这么大。一个又一个闭合的婴儿宇宙不断从大空间区域中脱离出来，但是所有这些活动都发生在普朗克尺度内，正如图 12.1 中所示的时空泡沫。大型闭合宇宙的形成在原则上是有可能的，但是这个概率远比猴子随机打字打出莎士比亚的《哈姆雷特》全文的概率要小得多。

特赖恩在其论文中指出，即使大多数宇宙都是微小的宇宙，也只有大宇宙中能演化出观测者，那么我们生活在一个大宇宙中就不足为奇了。但是难题还远未解决，因为我们的宇宙远比生命进化所需的范围大得多。

一个更加基本的问题是，特赖恩的理论并没有真正解释宇宙的起源。真空量子涨落的前提是假设在某些预先存在的空间中确有真空存在，而我们现在已经知道“真空”和“无”有很大区别。真空，或者说空旷的空间，拥有能量和张力，还可以弯曲折叠，因此毫无疑问，真空并不等同于空无一物。[5]就像阿兰·古斯所写的：“在这种情况下，说宇宙是从真空区域生成的，并不比说宇宙是由一块橡胶产生的更贴近问题的根本。后者也许是真的，但人们仍然会好奇，这块橡胶是从哪里来的。”[6]

与此相比，认为宇宙通过量子隧穿从无到有的理论就不存在这样的问题。刚刚完成隧穿时，宇宙非常小，但是它被伪真空填满，并在隧穿结束之后立即开始暴胀。在不到一秒的时间里，它就膨胀到了一个惊人的尺度。

在隧穿之前，时间和空间都不存在，所以考虑在此之前发生的事情都是没有意义的。一个没有物质、没有空间、没有时间的一无所有的状态，看起来是唯一适合作为创世起点的状态。

* * *

在我发表这篇宇宙隧穿的论文的几年后，我意识到我遗漏了一篇重要的参考文献。通常，这种事情很快会被发现，因为这些被忽视的作者会发来讨厌的邮件提醒你。但是这次，这位作者并没有给我写信，而且理由充分，因为他早在1 500多年前就完成了他的研究工作。他的名字是奥古斯丁，当时在北非的主要城市之一——希波出任主教。

奥古斯丁致力于研究上帝在创世之前做了什么，他在他的《忏悔录》中有力地描述了他的思考过程。“如果他很懒惰，什么事也不做，那他为什么不永远保持这种状态呢，就像他一直做的那样，无所事事？”奥古斯丁认为，要回答这个问题，他首先必须弄清楚什么是时间。“那么时间是什么？如果没人问我这个问题，那我知道它是什么。但如果我想向别人解释时间，那我就不知道答案了。”透彻的分析使他意识到，时间只能由运动来定义，因此不可能早于宇宙存在。奥古斯丁最后总结道：“世界不是在时间长河中被创造的，它与时间同时被创造出来。在世界存在之前，并没有时间存在。”因此，关于上帝“此前”做了什么的问题都是毫无意义的。“如果没有时间，‘此前’这一概念就不存在。”[7]这与我在论文中提出的观点非常接近。

我在与塔夫茨的同事凯瑟琳·麦卡锡（Kathryn McCarthy）的一次谈话中意外地了解到奥古斯丁的想法。随后我阅读了《忏悔录》，并在我的下一篇论文中引用了奥古斯丁的话。[8]

多元世界

通过量子隧穿产生的宇宙不一定是完美的球形，它可以是各种不同的形状，也可以被各种不同类型的伪真空填充。通常，在量子理论中，我们无法得知哪些可能性已经实现，我们只能计算它们出现的概率。那么，是否有可能存在着大量的与我们宇宙起源不同的其他宇宙？

这个问题和解释量子概率这一棘手的问题密切相关。正如我们在第11章中所讨论的那样，现在有两种主流观点。依据哥本哈根诠释，量子力学为所有可能发生的结果都安排了一个发生概率，但是只有其中一个结果会真的发生。而另一方面，埃弗里特诠释断言，所有可能的结果都发生了，只是各自独立地发生在各个平行宇宙中。

如果采纳哥本哈根诠释，那么创世就是一个一次性事件，一个单独的宇宙从一无所有中突然出现。然而，这导致了一个问题。最有可能从一无所有中突然出现的会是一个微小的普朗克尺度的宇宙，它可能不会隧穿，而是立即重新坍缩并消失。隧穿到一个大尺度宇宙的概率很小，因此需要大量的尝试，而这看起来只符合埃弗里特诠释。

在埃弗里特诠释的画面中，存在一个宇宙集合，包括所有可能出现的宇宙初始态。其中的大多数都只是普朗克尺度的微型宇宙，一闪即逝。但是除此之外，还存在着一些宇宙，它们隧穿进入了更大的尺度并且开始暴胀。这一过程与哥本哈根诠释最关键的区别在于，这些宇宙不仅是可能的，更是真实存在的。[9]既然那些一闪而过的宇宙中不可能演化出观测者，那么就只有大型宇宙能被观察到。

集合中的所有宇宙都完全相互分离，它们每一个都拥有自己独立的空间和时间。计算表明，其中最有可能发生隧穿的宇宙，也是隧穿宇宙中数量最多的，都是由那些初始半径最小、伪真空能量密度最高的宇宙成核而成。因此，我们只能猜测，我们自己所处的这个宇宙也是这样成核而来的。

在暴胀的标量场模型中，能量函数的顶端是真空能量密度的最高处，因此，标量场落在这附近的大多数宇宙都将成核，这也是最适合暴胀的起始点。还记得我答应过会解释标量场是如何到达山顶的吗？在从无到有的隧穿过程中，宇宙出现时，标量场正好处于山顶。

宇宙的成核基本上就是一次量子涨落，其概率随着体积的增加而迅速减小，即初始半径较大的宇宙成核概率较小，而当半径趋近无限大时，成核概率消失。一个无限的、开放的宇宙的成核概率严格为零，因此集合中的所有宇宙都必然是闭合的。

霍金因子

1983年7月，数百名物理学家从世界各地汇聚于意大利的帕多瓦市，参加第10届广义相对论与引力会议。会议在帕多瓦市核心区域的法理宫举行，它建于13世纪，曾经被用作法院。宫殿的底层现在是著名的食品市场，一直延伸到户外并直抵相邻的广场。楼上有一个宽敞的大厅，周围的墙壁上画着黄道星座，这里就是讲座的会场。会议的亮点是史蒂芬·霍金的报告，题为《宇宙的量子态》。进入会场之前有一条长长的楼梯，而把霍金和他的轮椅抬上楼梯是一项非同寻常的任务。我很庆幸我提早到场，因为当霍金出现在讲台上时，会场里已经挤满了人。

霍金在报告中揭示了宇宙量子起源的一个新观点，这是他与加州大学圣巴巴拉分校的詹姆斯·哈特尔（James Hartle）合作的研究工作。[10]他没有专注于创世早期的问题，而是问了一个更普遍的问题：我们要如何计算宇宙处于某个特定状态的量子概率？宇宙在到达某个特定状态之前，会经历大量的可能历史，而量子力学的规则可以用来确定每一个特定历史对最终概率的贡献。[①]概率的最终结果取决于计算中所包含的历史的种类，而哈特尔与霍金的想法中只考虑了过去没有边界的那些时空所经历的历史。

没有边界的空间很好理解，它指的就是闭合宇宙。但是哈特尔和霍金要求时空在时间往过去的方向上也应该没有边界，或者说没有边缘。除了当前时刻所对应的边界之外，它应该在四个维度上都是闭合的（见图17.4）。

---

① 更确切地说，被称为波函数的这个量是将不同历史的贡献叠加而得到的，波函数的平方即为概率值。

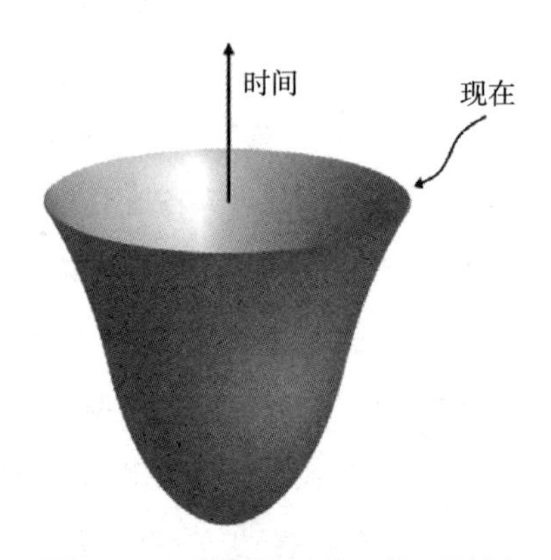

图17.4　一个没有过去边界的二维时空

空间的边界意味着宇宙之外还有某种东西存在，那些东西可以穿过边界，进出我们的宇宙。而时间上的边界则代表宇宙存在起点，以及当时存在的一些特定初始条件。哈特尔和霍金断言，宇宙并没有这样的边界，它是“完全自成一体的，完全不受任何外物影响”。这个想法听上去非常简洁，也非常有吸引力，但是唯一的问题是，如图17.4所示的那种在过去闭合的时空并不存在。时空中的每一个点都应该有三个类空方向和一个类时方向，但是对于一个闭合时空来说，必定会存在一些异常的点，它们具有不止一个类时方向（见图17.5）。

为了解决这个问题，哈特尔和霍金建议我们将时间欧几里得化。我们在本章的前文中所讨论的，欧几里得时间与其他的空间方向并无区别，因此时空可以变为一个四维空间，这样一来，将它闭合就不存在任何问题了。因此，这个方案就变成了，我们将所有无边界欧几里得时空的贡献叠加，从而计算出那些概率。霍金强调说，这只是一个提议，尚未被证明是正确的，而唯一能证明其是否正确的方式，就是看看它能否做出合理的预测。

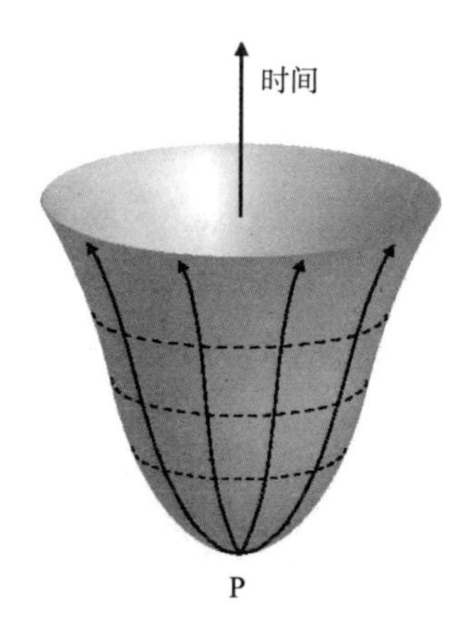

图17.5 与图17.4相同，不过用实线与虚线分别表示类时和类空两种方向。P点是异常点，因为在那里所有的方向都是类时的

哈特尔–霍金方案在数学上具有一定的美感，但是我认为，将时间转变为欧几里得时间后，它丧失了很多直观的吸引力。它不再累加宇宙的所有可能历史，而是让我们去累加那些绝对不可能的历史，因为我们并不生活在欧几里得时间中。因此，在初始动机搭建的框架瓦解之后，我们只剩下一套非常形式化的方法来计算这些概率。[11]

在报告的最后，霍金探讨了这一新方案对暴胀宇宙的影响。他认为对累加历史的最主要贡献来自呈半球状的欧几里得时空，这种半球状的形貌与我的隧穿计算中的结果相同，而接下来的发展只是在寻常时间中的暴胀式膨胀。从欧几里得化的形式转变为寻常的时间形式是一个复杂的过程，在这里我就不加以描述了。其结果与我在图17.3中显示的时空历史相同，但是推导的起点却相去甚远。

我原以为霍金会提及我在宇宙量子隧穿方面的工作，不过令我失望的是，他并没有。但我确信，随着霍金进入这一领域，整个量子宇宙学方向，尤其是我的研究工作，将得到越来越多的关注。

无事生非

“宇宙隧穿理论”和“宇宙无边理论”最重要的区别在于，它们对于概率的预测大相径庭，在某些方面甚至是相反的。隧穿理论认为具有最高真空能量和最小尺寸的宇宙最有可能成核，而与之相比，无边理论认为宇宙的起点极有可能真空能量最小而尺寸最大，最有可能在一片空寂中突然出现的，是一个无限大的、空旷的、平直的空间，这令人难以置信!

在经历了最初的一些混乱之后，这两者之间的冲突在最初的一些混乱之后就变得愈发明显。我1982年的论文的结论是，越大的宇宙成核的概率也越大，这样一来，两个方案看起来是一致的。但由于这个结论严重违反直觉，因此我不断重复计算，并终于在1984年发现了一处错误，得出了相反的结论。在霍金访问哈佛大学时，我跑去和他分享我的新发现，但他不以为然，却认为我原先的结论是正确的。[①]

霍金是一位极具传奇性的人物，其知名度远超物理学家圈子。我钦佩他的学术成就，也钦佩他的精神，因此特别珍视这次与他交谈的机会。他与人交流不太方便，所以人们往往不愿意接近他，但是一段时间之后，我才意识到他其实是喜欢与人交流的，甚至不介意开开玩笑。我们在永恒暴胀和量子宇宙学的问题上意见相左，但这使得讨论更加有趣了。

1988年，我在剑桥大学向霍金的研究组做了一次报告，强调我的方案的各种优点，简直称得上是在他家门口挑衅了。在这次报告之

① 安德烈·林德、瓦列里·鲁巴科夫、雅科夫·泽尔多维奇以及阿列克谢·斯塔罗宾斯基分别注意到了我最初那篇论文中的错误，并给予了修正。

后，霍金坐着轮椅向我走来，我本以为会有一些严苛的批评，他却邀请我共进晚餐。在享用了霍金母亲做的土豆鸭和梅子派之后，我们讨论了利用时空之间的隧道捷径——即虫洞——进行星际旅行的问题，这就是物理学家们的餐后闲聊了。至于宇宙无边理论，史蒂芬并没有改变他的想法。

这两种理论之间的争论一直在继续。在加州蒙特雷召开的COSMO–98会议上，我们甚至进行了一场“官方”辩论，霍金为无边理论辩护，而我和安德烈·林德支持隧穿理论。[①]但这其实称不上一场辩论，因为霍金用他的语音合成器组成句子要花很长时间，所以我们并没有在预先准备好的陈述之外取得多大进展。

图17.6 与霍金探讨量子宇宙学。从左到右：作者、英属哥伦比亚大学的比尔·昂鲁，以及在护士的帮助下喝茶的史蒂芬·霍金。照片由安娜·齐特科拍摄

如果我们设计一些观测实验来区分这两种理论，也许就能解决这个争端。然而，这种尝试似乎不太可能实现，原因正是永恒暴胀。量

① 霍金第二天还有一个重要安排，就是去好莱坞用他独特的电子嗓音为《辛普森一家》的特别剧集配音。

子宇宙学能预测宇宙的初始状态，但是在永恒暴胀的过程中，初始状态的任何影响都会被完全抹去。以我们在前文中所讨论的弦论的景观为例，我们可以从任意一个暴胀真空开始，但是不可避免地会有其他真空的宇宙泡形成，并将遍历整个函数。因此最终生成的多元宇宙的性质将无关乎暴胀是如何开始的。[12]

因此，量子宇宙学不会成为一门观测的科学，不同理论方法之间的争端只可能通过理论上的考量来解决，而非观测数据。比如，宇宙的量子态就可能通过一些全新的、尚未被发现的弦论原理来决定，当然，这可能与现今的任何一种理论都不同。这个问题不可能很快就得到解决。

第18章 世界末日

有人说世界在烈火中终结，
有人说世界在寒冰中终结。
——罗伯特·佛罗斯特

如果没有关于世界如何终结的描述，那我关于宇宙状态的解释就是不完整的。暴胀理论告诉我们，整个宇宙将永远存在，但是我们本区域，即可观测宇宙，很可能会终结。20世纪的很长一段时间内，这个问题一直是宇宙学研究的中心，在这一过程中，我们关于世界末日的构想经历了数次变更。现在我将回顾一下这个课题近来的历史，并告诉你们最新的宇宙末世论。

残酷的选择

在20世纪30年代早期，爱因斯坦公开抨击宇宙学常数的概念之后，弗里德曼的均匀各向同性模型给出了清晰又简洁的预测：如果宇宙密度大于临界密度，那么宇宙将发生大挤压，否则将永远膨胀下去。为了确定宇宙的命运，我们必须精确测量物质的平均密度，看看它是否大于临界密度。如果大于临界密度，那么宇宙膨胀将逐渐放缓，随后开始收缩。收缩起初缓慢，然后将加速，星系将逐渐靠近，直至合并成一个巨大的恒星集团。天空会变得越来越亮，但亮度不是来自恒星，那时候它们很可能已经全部死亡了。天空变亮的真实原因是宇宙背景辐射强度的增加，这种辐射会将恒星和行星的残留物加热至一个令人不安的温度，任何侥幸存活至此刻的生物都将像沸水中的龙虾一样丧命。

恒星最终将在相互碰撞中瓦解，或者被强烈的辐射热所蒸发。由此导致的炽热火球与早期宇宙中的火球类似，不同的是现在宇宙在收缩，而不是膨胀。另一个与大爆炸的差别在于，收缩时的火球相当不均匀，密度更高的区域会率先收缩形成黑洞，然后合并成为更大的黑洞，直至在大挤压中全部合并在一处。

与此相对，在密度小于临界密度的情况下，物质的引力太弱，不足以扭转膨胀的局势，宇宙将永远膨胀下去。在不到一万亿年的时间内，所有的恒星都将燃尽其核燃料，星系将变成一群一群的冷却的恒星遗迹，比如白矮星、中子星和黑洞。宇宙将变得完全黑暗，幽灵般的星系将四散飞向膨胀的空间。

这种状态至少要持续10^{31}年，但是构成恒星遗迹的核子最终将衰变，成为正电子、电子、中微子这样更轻的粒子。电子和正电子互相湮灭放出光子，而死去的恒星开始慢慢分解。甚至黑洞也不会永远存在：霍金的著名观点就是黑洞会泄漏辐射的量子，这意味着黑洞将逐渐失去它所有的质量，或者，按照物理学家们的说法，黑洞将“蒸发”。不管怎样，在不到10^{100}年的时间内，宇宙中所有我们熟知的结构都将消失，恒星、星系、星系团都将消失得无影无踪，只留下日益稀薄的中微子和辐射的混合体。[1]

宇宙的命运包含在一个被称为Ω的参数中，它被定义为宇宙平均密度除以临界密度。如果Ω大于1，即平均密度大于临界密度，宇宙将在大火球和大挤压中终结；而如果Ω小于1，平均密度小于临界密度，我们的宇宙将会日益冷却、逐渐解体。在Ω等于1的临界情况下，膨胀越来越慢，但是永远不会完全停止，宇宙勉强逃脱了大挤压的命运，却会变成一个冰封的墓地。

半个多世纪以来，天文学家们努力尝试测量Ω的数值，然而大自然并不愿意透露自己的长期计划。Ω非常接近1，但是目前测量的精确度还不足以判断它到底是大于1还是小于1。

暴胀的转折

20世纪80年代末，随着暴胀这一概念的出现，我们关于世界末日的看法也发生了变化。在此之前，从理论上看，大挤压的可能性和无限膨胀的可能性平分秋色，但是现在，暴胀理论做出了非常明确的预测。

在暴胀期间，宇宙的密度非常接近于临界密度。由于标量场不同位置的量子涨落幅度不同，某些区域的密度会高于临界值，而另外一些区域的则会低于临界值，但是平均下来几乎完全等于临界密度。因此，那些担忧宇宙会在数万亿年内坍缩并造成大挤压的人现在可以放心了，宇宙的结局会来得非常缓慢而枯燥无聊，太阳的冰冷残骸永远就这么四处游荡着，等待其中所有的核子衰变殆尽。

处于临界密度的宇宙的一个典型特征，就是内部结构形成的过程会变得极其缓慢，形成越大型的结构所需的时间越长。首先是星系形成，随后聚集成星系团，再之后星系团聚集成超星系团。如果我们可观测区域内的平均密度高于临界值，那么在大约100万亿年间，整个区域都将变为一个巨大的超级星系团。到那时，所有的恒星都已经死去，所有的观测者可能也已经灭绝了，但是结构形成的过程仍在继续，并扩展到越来越大的尺度上。只有当宇宙结构因核子衰变和黑洞蒸发而解体时，这一过程才会停止。

暴胀理论带来的另一个转折是，整个宇宙将永远不会终结，因为暴胀是永恒的。无数个与我们相似的区域将会在暴胀时空的其他部分形成，其中的居民也将和我们一样，努力去理解这一切是如何开始的，又会如何结束。

寂寞的银河系

弗里德曼提出了宇宙密度和其最终命运之间的关系，然而这一关系只有在真空能量密度（即宇宙学常数）等于零时才成立。在1998年之前，宇宙学常数为零是标准假设，但是当相反的证据被发现时，早期所有关于宇宙未来的预测都必须修改。其中的主要预测不会改变，即（局部的）世界将会在寒冰中终结，而不是在烈火中，但是一些相关细节需要修正。

正如我们在前文中讨论的，一旦物质密度降到真空能量密度以下，宇宙膨胀就开始加速，任何引力集聚都将在那时停止。已经由引力结合在一起的星系团将幸存下来，但是松散的星系群将被真空的斥引力所分散。

我们的银河系属于所谓的本星系群，其中包括巨型旋涡星系仙女星系和大约20个矮星系。仙女座正在与银河系相向运动，二者将在大约1 000亿年后合并。本星系团之外的星系都会飞快地离开，速度越来越快，它们将一个接一个地穿过我们的视野，消失在远方，这一过程将在几千亿年后完成。在那个遥远的年代，天文学将成为一门非常枯燥的学科。除了由银河系、仙女星系以及矮星系联合形成的巨大星系外，天空中将空无一物。[2]我们应该尽情欣赏天空中的天文现象，趁它们还在的时候！

最后的审判

如果宇宙学常数真的是一个常数，我们对于宇宙的预测就能完成了。但是正如我们所知，有充分的理由相信，真空能量密度取值的变动范围非常大，在宇宙中的不同区域有不同的取值。在某些区域中，这一数值是大的正数，另外一些区域中的取值是大的负数，只有在极少部分区域内它接近零，也只有在这些极少的区域中，才会产生生命来关心到底什么是宇宙学常数。

由此可见，我们在这里观测到的数值并不是最低的可能能量密度，而且，在未来它还将不可避免地变得更低。以林德的模型为例，真空能来源于一个标量场，其能量函数极其平缓（见图13.1），以至于在大爆炸后的140亿年内，标量场几乎没有变化。但是场最终还是会沿着函数滚下，而宇宙加速也将开始变缓。到某一时刻，标量场会低于零，即能量密度取值为负，而负的真空能表现为相吸的引力，所以此后不久宇宙就将停止膨胀，而开始收缩。

另一种场景来自弦论的景观。从经典物理学出发，我们的真空是稳定的，具有恒定的能量密度；但是从量子力学的角度，它可以通过宇宙泡成核而发生衰变。负真空能的宇宙泡偶尔会突然出现，并以接近光速的速度迅速膨胀。就在此时，或许就有宇宙泡的泡壁向我们冲来，不过我们不会看到它的到来，因为它移动得太快了，光也不会比它快多少。但是一旦被泡壁击中，我们的世界将被完全毁灭，组成恒星、行星、甚至我们身体的粒子都无法在新的真空中存在，所有我们熟悉的事物都将被立即摧毁，变成一些由陌生物质组成的团块。

不管怎样，我们本区域内的真空能量最终将变为负数，随后该区域将开始收缩并最终形成大挤压。[3]变化发生的具体时间很难预测。一方面，宇宙泡的成核率极低，因此我们所在的区域很可能要经过10^{100}年的时间才会被泡壁撞上。而另一方面，在标量场的模型中，世界末日的时间取决于能量函数的斜率，这个时刻可能在200亿年后就会到来。

第19章 向公式迸发

是何物向这些公式喷出火焰，并依照它们的描述制造了一个宇宙？

——史蒂芬·霍金

阿方索的建议

智者阿方索是13世纪卡斯蒂利亚王国的国王，他无比尊崇天文学，这出于一个非常实用的原因：了解天空中行星的确切位置，对铸造精确的星盘来说至关重要。为了提高精确度，阿方索根据当时最新的宇宙学理论，即托勒密理论，命人制作了新的天文表。但是在得知托勒密系统的复杂程度后，阿方索对这个理论相当怀疑，他说："如果全能的主在创世之前咨询过我，那我一定会推荐一个更简洁的方案。"[1]

对于我在本书中所描述的世界观，阿方索国王可能也会有相似的评价。这种世界观断言，存在着一个由无数宇宙组成的集合，其中每一个宇宙都包含着许多由不同的粒子物理学规律所支配的区域。存在智慧生命的区域非常少见，并且相距甚远，相互之间被茫茫太空所隔绝。更为罕有的是那些彼此完全相同的区域，但是这样的区域在宇宙中也有无数个。对于空间、物质，甚至宇宙来说，这是多么大的浪费！

然而，宇宙的数量并不值得我们过分关注。这种新的世界观的简约体现在另一个更重要的方面：它显著减少了我们关于宇宙所必须做出的主观假设的数量。我们都知道，最好的理论就是要用最少的、最简单的假设来解释世界。

在早期宇宙模型中，宇宙是由造物主仔细设计并精细调节的，粒子物理学的每一处细节、每一个自然常数，以及所有的原初波动都必须设置得恰到好处。可以想见，为了完成这项工作，造物主需要把大量的规格参数交给自己的助手们去处理。而新的世界观为造物主打造了另外一种形象：经过一番思考，他写出了一组有关基本自然理论的公式。这些公式将引发一系列不受控的创世过程。不需要进一步的指示，这个理论描述了宇宙无中生有的量子成核，描述了永恒暴胀的过程，描述了由每一种可能的粒子物理学定律所支配的区域，以及整个宇宙中的无穷无尽的事物。在这个由无数宇宙组成的集合中，任何一个特定成员都是极其复杂的，需要大量的信息来描述，但同时，这整个集合又能归结为一组相对简单的公式。[2]

数学家上帝

我们怎么知道哪一种上帝的形象更接近事实呢？他是努力优化资源（比如空间和物质）的利用，还是更关心用简洁的数学语言来描述自然？不幸的是，他并不接受采访，但是他的作品——宇宙——向我们确认了他是一个什么样的造物主。

随便看一看宇宙就能发现，大量的空间和物质被弃用、被浪费。数不清的星系分散在巨大的、几乎空空如也的空间中。这些星系被分为几类，比如旋涡星系和椭圆星系、矮星系和巨星系等等，但除此之外，它们彼此间非常相似。造物主的这一行为清楚地表明，他在无休止地重复，而且一点儿也不难为情。

一项更加详细的考察表明，造物主确实痴迷于数学。公元前6世纪，毕达哥拉斯提出，数学关系是所有物理现象的核心。他可能是第一个提出这一观点的人，而几个世纪以来的科学研究更加证实了他的观点。现在，我们理所当然地认为，自然应该遵循精确的数学定律，但是如果你停下来想一想，这个事实是非常玄妙的。

数学似乎纯粹是思想的产物，与实验没有什么密切的关系。但是，为什么它能够如此贴切地描述这个物理宇宙呢？这就是物理学家尤金·维格纳（Eugene Wigner）所说的“数学在自然科学中不合理的有效性”。举个简单的例子，椭圆。在古希腊人的认知中，椭圆是用平面以某一角度切割圆锥时所得到的截面曲线，阿基米德和其他古希腊数学家出于对几何学的浓厚兴趣，研究了椭圆的特性。然而，2 000多年以后，约翰内斯·开普勒发现行星围绕太阳运行的轨道可以用椭圆来相当精确地描述。但是，金星和火星的运动又和圆锥的截面有什么关系呢？

时间拉近一些，在20世纪60年代，我的朋友、数学家维克多·卡茨（Victor Kac）研究了一类复杂的数学结构，现在被称为卡茨–穆迪代数。这项研究的唯一动机来源于卡茨灵敏的数学嗅觉，他觉得这些结构很有趣，可能会产生一些美妙的数学进展。当时没有人能预料到，几十年后，卡茨–穆迪代数会在弦论中发挥重要作用。

这些例子并不是特例。物理学家常常发现，在他们为了描述一类新的现象而寻找数学语言时，数学家早已研究了相关问题，而研究动机与这些现象本身毫无关联。看上去，造物主的审美观似乎与数学家一样。许多物理学家基于自身的偏好，同时以数学美感作为指导，来寻找新的理论。量子力学的先驱之一保罗·狄拉克曾说：“对于一个公式来说，具有美感比符合实验结果更重要……因为公式与实验之间的差异可能来自一些次要方面……这些问题将随着理论的发展而不复存在。”[3]

数学美感与艺术美感一样难以定义。[4]欧拉公式，$e^{i\pi}+1=0$，就是一个展示数学家审美观的好例子。美的一条标准是简洁，但仅有简洁也不能算是美，等式$1+1=2$就很简洁，但并不是特别美，因为它太平凡浅显了。与此相比，欧拉公式展示了一个相当惊人的关系，它成功连起了三个看似不相关的数字：自然对数e、虚数i（即–1的平方根），以及圆周率π。我们可以将这种特点称为“深度”，美的数学既简洁又有深度。[5]

如果造物主确实具备数学家的思维方式，那么关于基本自然理论的公式应该极其简洁又具有令人难以置信的深度。有些人认为这个终极理论就是物理学家正在探索的弦论。弦论当然很深奥，但是看起来并不简洁，不过随着该理论的研究深入，我们预想的简洁性也许会出现。

数学的民主

即使万一我们发现了自然的终极理论，我们还是会问，为什么会是这个理论？数学美感大可以作为指导，但还是难以想象仅仅一个理论就足以引发出无穷无尽的可能性。正如物理学家马克斯·泰格马克（Max Tegmark）所说：“为什么在无数的数学结构中，有一个，且仅有一个数学结构被赋予了物理的存在？”现就职于麻省理工学院的泰格马克提出了一种摆脱这种僵局的可能途径。[6]

他的方案很简单又很激进，他主张每一个数学结构都应该有一个与之对应的宇宙。[7]例如，存在一个牛顿宇宙，受到欧几里得几何、经典力学以及牛顿万有引力理论的支配，也存在一些具有无限数量的空间维度的宇宙，或者还有其他一些具有两个时间维度的宇宙。更难以想象的是，可能存在一个由四元数[①]代数支配的宇宙，其中既没有空间也没有时间。

泰格马克断言，所有这些宇宙都存在于某处。我们察觉不到它们，正如我们察觉不到其他宇宙从“无”成核而来的过程。其中一些宇宙的数学结构错综复杂，足以产生“具有自我意识的亚结构”，就像你我这样的生命体。这样的宇宙非常罕见，但无疑只有它们是可以被观测到的。

我们没有任何证据来支持这种对现实的戏剧性扩展。我们将具有其他数学结构的宇宙提升至存在的地位，这样做的唯一原因是为了避免去解释它们为什么不存在。这样也许足以说服一些哲学家，但是物理学家需要一些更实质性的证据。本着平庸原理的精神，我们可以试着去证明，在所有丰富得足以容纳观测者的理论之中，我们自己宇宙中的基本原理从某种意义上来说只是普通的一员。这也支持了泰格马克的扩展的多元宇宙理论。

如果这一想法正确，造物主就将被彻底赶出我们的故事。暴胀将他从设置大爆炸时各种初始条件的工作中解放出来，量子宇宙学使他摆脱了创造空间时间和启动暴胀的任务，而现在，他最后的避难所——选择基本自然理论的工作，也无法再收留他了。

然而，泰格马克的方案面临着一个棘手的问题。数学结构的数量随着复杂性的增加而增加，这意味着，即使“普通的”结构都会异常庞杂。而这似乎与我们心目中简洁优美的理论背道而驰，因此，造物主似乎暂时保住了自己的工作。[8]

---

① 四元数是由爱尔兰数学家威廉·哈密顿在1843年发明的数学概念。这是一种简单的超复数，由一个实数部分加上三个虚数部分组成。

合而为一

关于宇宙到底是有限的还是无限的，是静止的还是发展的，是永恒的还是短暂的，哲学家和神学家已经争论了几个世纪。你可能会认为，所有可能的答案都已经被我们预料到了，然而，最新的宇宙学进展得出了新的世界观，结果出乎所有人的意料。宇宙并没有在这些相互冲突的选项中做出选择，每一个选项或多或少都包含一部分真理。

这个全新的世界观的核心，是一幅永恒暴胀宇宙的图画，它由许多相互隔绝的“宇宙岛”组成，沉浸在伪真空的暴胀海洋中，但是每个宇宙岛内的暴胀都已经结束。这些处于后暴胀时期的宇宙岛的边界正在急剧扩张，但是它们之间的空间扩张得更快，因此总有地方能形成并容纳更多的宇宙岛，这使得它们的数量无限增加。

视角转移到宇宙岛内部，每个宇宙岛都是一个自成一体的无限宇宙。我们居住在其中一个宇宙岛里，而我们的可观测区域只是它所包含的无数个O区域中的一个。几十亿年后，我们的后代或许可以远航前往其他的O区域，但是永远不可能到达其他的宇宙岛，即使在理论上也毫无可能。不管我们走多久、走多远，我们都将永远被限制在自己的宇宙岛中。

整个永恒暴胀的时空起源于一个微小的闭合宇宙，它借助量子隧穿效应从无到有，并立即进入永无止境的剧烈暴胀中。因此，宇宙是永恒的，但是又确实存在一个开端。

暴胀使得宇宙迅速膨胀到一个巨大的尺度，但是从全局来看，它永远是闭合的、有限的。然而，由于暴胀时空的奇异结构，暴胀时空中包含着无数的宇宙岛。

自然常数塑造了我们这个世界的种种特性，不过在其他的宇宙岛中，它们会有不同的取值。这些宇宙大多与我们的截然不同，而且其中只有很小的一部分适宜生存。[9]在每一个可居住的宇宙岛上，其中的观测者都将发现，他们的宇宙会从一个大爆炸演变至一个大挤压。然而，从全局来看，每一个时刻都存在所有类型、所有演化阶段的宇宙岛。这就和地球上的人口情况相似，每个人都会从婴儿开始慢慢长大，但是任一时刻，全体人口中都包括处于各个年龄的人。虽然宇宙的体积一直在随着时间增长，但是每种类型的宇宙岛所占的空间比例并未改变，从这个意义上来说，永恒暴胀的宇宙又是静止的。

这个全新世界观的一个显著特征是，在我们的可观测区域之外，存在着许多个“异世界”。其中一些毫无争议，比如，很少有人会质疑其他O区域的真实性，即使我们无法观测到它们。此外，我们确实掌握了一些间接证据，能证明具有不同性质的多个宇宙岛的存在。至于其他的，比如那些无中生有的、与我们相隔绝的时空，我们至今仍不知道需要怎样的观测证据来证明其存在。

利用量子隧穿无中生有的情节引发了另一个有趣的问题。隧穿过程与随后的宇宙演化都受到相同的基本定律的支配与制约，由此可见，这些定律在宇宙存在之前就应该存在。这是否意味着它们不仅仅是对现实事物的描述，还可以被视为独立存在的个体呢？在空间、时间与物质都不存在的情况下，它们以何为载体呢？我们都知道，这些定律往往表现为数学方程式的形式，如果数学的媒介是思想，那么这是否说明思想应该早于宇宙存在呢？

这一切都把我们带入了未知的世界，一路直达巨大奥秘的深渊。很难想象，我们要怎样才能解决这些问题。但是和以往一样，我们也许只是受限于自己的想象力而已。

后记

收件人：银河理事会

发件人：WSX-23EDJ

您好！按照《议定书》的要求，我已经完成了对位于银河系边缘S–16区的行星地球的检查。距离上次检查已经有1 000个地球年，这期间，居住在地球上的人类进步很大。我已将他们的等级状态从“文明萌芽”升级为“技术有限”。

人类相信他们已经摸到了宇宙终极理论的门道，您一定也会为他们感到高兴的。我羡慕他们这种朝气蓬勃的热情。在某些问题上他们已经接近正确答案了，对于这样一种原始文明，我必须承认，这种成就令我很惊讶。当然，在其他一些方面，他们还远远落后，甚至还没有意识到真正的问题所在。

总的来说，这个种族还很不成熟。我不建议此时批准他们加入银河系联盟。详细信息参见我的日常报告。

敬上。

巡查员 WSX-23EDJ

致谢

感谢我的朋友们和同行们，他们仔细阅读了书稿并提出了批评和建议，这些意见对我来说非常重要。阿兰·古斯、史蒂文·温伯格和豪梅·加里加对部分章节提出了指导意见和非常有建设性的评论；保罗·谢拉德和肯·奥卢姆对全书提供了大量的反馈意见，并帮助我弄清了一些重要的科学细节。我对他们表示深深的感谢。

特别感谢迪莉娅·施瓦茨–佩尔洛夫，她把我随手画的示意图变成了漂亮的插图，细致修改了一些草图，同时也对文字提出了一些改进意见。另外，与弗兰克·麦考密克和马克斯·泰格马克之间的通信交流也令人振奋，使我获益良多。

还要感谢我的编辑，约瑟夫·维什诺夫斯基，他满怀热情地策划并指导了此书的出品。十分感谢维塔利·凡丘林帮助我解决计算机方面的问题，感谢马可·卡瓦利亚和哈维尔·西蒙斯贡献的历史学知识，感谢苏珊·马德帮忙提供照片。我还欠苏珊·拉宾纳一声谢谢，她在此项工作的早期提供了不可或缺的重要意见。

最后要感谢我的家人，乔舒亚·诺比和我的女儿阿林娜，他们为本书提供了有益的建议、热情和支持。还有我的妻子因娜，她担任了本书的编辑和评论者，也是一个值得信赖的顾问。

注释

第1章

1. 请参见A. H. Guth, *The Inflationary Universe* (Addison-Wesley, Reading, 1997, p.2).

第2章

1. 请参见爱因斯坦给埃伦费斯特的信，1916年1月16日。引自A. Pais, *Subtle is the Lord* (Oxford University Press, Oxford, 1982)。

2. 请参见爱因斯坦给索末菲的信，1916年2月8日，引文同上。

3. 后来人们意识到，爱因斯坦的静态宇宙模型即使在纯理论的基础上也是不可接受的，因为在这个模型中引力和斥力之间的平衡是不稳定的。如果由于某种原因，宇宙的大小略有增加，那么物质密度将会下降（因为星系之间的距离将会增加），但由宇宙学常数确定的真空能量密度却仍然保持不变，这会导致现在真空的排斥力将比物质的引力更强，并将导致进一步宇宙膨胀。这将形成一个恶性循环，宇宙将陷入一种失控的膨胀。同样，如果爱因斯坦的静态宇宙的大小略有缩小，物质的引力就会大于真空的排斥力，宇宙就会坍缩到一个点。而根据量子理论，宇宙大小的微小波动是不可避免的，因此爱因斯坦的宇宙不可能长期保持平衡。

第3章

1. 请参见E. A. Tropp, V. Y. Frenkel and A. D. Chernin, *Aleksandr Aleksandrovich Fridman* (Nauka, Moscow, 1988, p.133)。

2. 弗里德曼没有考虑平直宇宙的情况，爱因斯坦和德西特在1932年对此进行了研究。

3. 一个值得注意的例外是爱因斯坦对弗里德曼的工作的反应。起初，爱因斯坦认为弗里德曼犯了一个错误，并向学术期刊投稿了一篇简短的随笔，指出他认为这是一个错误。然而，不到一年之后，在与弗里德曼的朋友尤里·克鲁特科夫（Yuri Krutkov）交谈后，他不得不收回了自己的批评。克鲁特科夫称他赢得了与爱因斯坦的辩论，“彼得格勒的荣誉得救了！”但是，尽管爱因斯坦承认弗里德曼的数学推演是正确的，他仍然相信宇宙是静态的，并认为弗里德曼的工作只是纯形式上的推演。在他就此事投稿的第二篇随笔中，他写道，他“确信弗里德曼先生的研究结果是清晰且正确的”。他最初的草稿中还加了一句评论，称弗里德曼的研究几乎不可能有任何物理意义，但后来又删掉了这句话，这或许是因为他意识到这句评语更多来自他的哲学偏见，而不是任何已知的事实。

4. 在亥姆霍兹的时代，人们还不清楚恒星为什么会发光，但现在我们知道，恒星通过将氢转化为氦然后再转化为较重的原子核来获取能量。这是一个不可逆的过程，熵逐渐增加，氢也逐渐被耗尽。一些恒星悄无声息地熄灭了，然后逐渐冷却下来，而另一些恒星则在生命末期爆炸了，将它们的组分气体抛入星际空间，只留下了一个致密的遗迹（中子星或黑洞）。被抛出的气体物质可以成为新的恒星的原料，但是随着越来越多的物质变成冰冷的恒星遗迹，形成恒星的原料的供应迟早会被耗尽。在万亿年后，这些星系可能会变得比现在暗淡许多。逐渐变暗的过程可能相当漫长，但有一点是毫无疑问的：我们所知的宇宙不可能永远存在。

5. 玻尔兹曼关于涨落的想法也许是后来被称为人择原理的思想（见第13章）的第一个例子。

6. 20世纪50年代，剑桥大学的天文学家马丁·赖尔提出了星系演化的首个有说服力的证据，他发现，数十亿年前，星系比现在更为频繁地发出强射电辐射。

7. 请参见亚瑟 · 柯南 · 道尔的《四签名》一篇。

第 4 章

1. 引文由R. H. Stuewer所述，请参见*The Kaleidoscope of Science*, ed. By E. Ullmann-Margalit (Reidel, Dordrecht, 1986, p.147)。

2. 对伽莫夫生平的描述来自其未完成的自传《我的世界线》(*My World Line*, Viking Press, New York, 1970)。

3. 原子是由小的、带正电荷的原子核和在环绕原子核的“轨道”上运行的、带负电荷的电子组成的。(我为“轨道”加上了引号，因为量子不确定性的效应在原子中非常明显，电子围绕原子核的运动并不像行星围绕太阳那样有明确的运动轨道，更加准确的描述是，它们在轨道周围形成模糊一片。) 原子核由两种亚原子粒子组成：带正电荷的质子和电中性的中子。 一个原子的化学性质仅仅取决于电子的数量。电子的数量等于质子的数量，因此原子呈电中性。

4. 粒子和其反粒子数量不平衡的原因迄今仍是现代宇宙学中的一个热点问题。相关讨论请参见A. H. Guth, *The Inflationary Universe* (Addison-Wesley, Reading, 1997)。

5. 关于原初火球和元素形成的更详尽探讨，详见史蒂文 · 温伯格的经典畅销书《最初三分钟》(*The First Three Minutes*, Bantam, New York, 1977)。

6. 请参见M. J. Rees, *Before the Beginning* (Addison-Wesley, Reading, 1997, p.17).

7. 请参见S. Weinberg, op. 前引书，p. 123.

第 5 章

1. 阿兰 · 古斯发现暴胀理论的曲折历程请参见他的优秀著作*The Inflationary Universe: The Quest for a New Theory of Cosmic Origins* (Addison-Wesley, Reading, 1997)。

2. 可以想象的是，我们的真空具有的能量可能不是最低的。弦论目前是自然基本理论的主要候选者，它表明负能量的真空可以存在。如果它们确实存在，那么我们的真空最终也将衰变，对其中所含的所有物质造成灾难性的后果。我们将在第15章讨论弦论，并在第18章讨论真空衰变的可能性。在此之前，我们将假定我们生活在真真空中。

3. 从能量角度考虑，这一结论非常容易理解。作用在一个物体上的力总倾向于降低物体的能量（更准确来说，是势能，指与它的运动无关的能量）。例如，重力将物体拉向地面，使其势能减少。（重力势能随着离地高度的升高而增大。）对于伪真空而言，它的能量正比于它所占据的体积，因此只有通过减小体积才能减少它所包含的能量。因此，应当有一个力使真空缩小。这就是张力。

第6章

1. 请参见A. H. Guth, "The inflationary universe: A possible solution to the horizon and flatness problems", *Physical Review*, vol. D23, p.347 (1981).

2. 斯塔罗宾斯基的模型基于爱因斯坦引力场方程的修正形式。只有当时空的曲率变得很高时，引力的量子修正才变得重要。在这一理论中，曲率的大小扮演了标量场的角色。

3. 穆哈诺夫和奇比索夫的论文是名副其实的苏联风格，即"为朗道服务"的风格，他们陈述了结果，但是几乎没有呈现推导的详细内容。纳菲尔德研讨会的一些参会者认为，穆哈诺夫和奇比索夫的推导过程缺失了重要的一步，他们也不应该为此受到褒奖。但我认为他们值得这个荣誉。

第8章

1. 请参见A. Vilenkin, "The birth of inflationary universes", *Physical Review*, vol. D27, p. 2848 (1983)。这是一篇量子宇宙学方面的论文，其中第四部分和第五部分讨论了永恒暴胀。

2. 一个指数级膨胀的区域会迅速覆盖整个电脑屏幕，从而迫使我们停止模拟计算。我们通过一个以同样方式膨胀的比例尺来解决这个问题，这个比例尺与暴胀区域都以相同的速度增长。使用这种膨胀的尺子来衡量，暴胀的伪真空区域的体积并不会随时间变化，因此它在屏幕上所占据的面积也是固定的。在第5章中，我们使用了经济学上的通货膨胀的比喻，在通货膨胀中，这种计量方法就相当于使用“原始美元”来衡量通胀的价格，从而剔除通货膨胀的影响。

3. 请参见M. Aryal and A. Vilenkin, “The fractal dimension of the inflationary universe”, *Physics Letters*, vol. B199, p. 351 (1987).

4. 请参见A. D. Linde, “Eternally existing self-reproducing chaotic inflationary universe”, *Physics Letters*, vol. B175, p. 395 (1986)。“永恒暴胀”这一术语就是由林德在这篇论文中首次提出的。

第9章

1. 宇宙的加速膨胀是由高红移超新星团队和超新星宇宙学项目团队发现的，前者由哈佛大学天文学家罗伯特·科什纳和澳大利亚赛丁泉天文台的布赖恩·施密特所领导，后者由索尔·珀尔马特所领导。关于这一发现的妙趣横生的第一手回忆，请参见由科什纳所著图书*The Extravagant Universe: Exploding Stars, Dark Energy, and the Accelerating Cosmos* (Princeton University Press, Princeton, 2004)。

2. 即便宇宙的密度小于临界密度，经过修改后暴胀理论仍然可以成立，但这会使得暴胀理论更为复杂，并且魅力骤减。如果这样的话，标量场的能量函数将需要特别设计。与古斯的原始模型（见图6.2）一样，在真真空和伪真空之间会有一个势垒；但随后能量并不会陡然降至最低点，而是形成一段平缓的斜坡。这样的新模型会是古斯和林德等人的模型的结合。标量场通过真空泡成核的方式隧穿过势垒，并在单个真空泡内部沿着能量函数缓缓降至最低值。在分析真空泡时，悉尼·科尔曼发现，从其内部看，它们像是开放的弗里德曼宇宙，其密度小于临界密度。仔细调节能量函数的高度和斜率，可以人为地让宇宙密度接近临界密度，但是不会太近。物理学家们非常厌恶这种精细调节，所以希望这不是必需的。

另一方面，如果观测结果指向宇宙密度大于临界密度的结论，即便超出10万分之一，都意味着宇宙是一个相对较小的三维球体，不会比目前的视界大多少。对于暴胀来说，这是一个严重的问题。

3. 引力波的起源和密度扰动的起源（见第6章）是相似的。它们在暴胀期间以量子涨落的形式产生，其振幅与各自的空间尺度无关。阿列克谢·斯塔罗宾斯基在1980年提出了对引力波的预测，早于古斯关于暴胀的想法。

4. CLOVER天文台计划于2008年开始运行。只有当伪真空具有大统一尺度的能量时，它才能探测到产生于暴胀的引力波。对于能量较低的真空来说，我们需要更灵敏的仪器。（CLOVER项目已于2009年被取消。——译者注）

第10章

1. 请参见A. D. Linde, “Life after inflation”, *Physics Letters*, vol. B211, p. 29, 1988。

2. 在平直时空中，两个事件之间时空间隔的平方被定义为时间差的平方减去空间差的平方。这个公式与勾股定理的形式非常相似，除了是减号不是加号。要计算间隔，就要先统一时间与空间的单位。例如，如果时间以年为单位，那么空间长度应该以光年为单位。如果时空间隔的平方为正数，那么时空间隔是类时的；如果为负，就是类空的。对于本章所讨论的班级聚会和超级弹跳球赛事件来说，时间差为3年，空间差为4光年，那么时空间隔的平方为$3^2 - 4^2 = -7$，也就是说它是类空的。

第11章

1. 请参见J. Garriga and A. Vilenkin, “Many worlds in one”, *Physical Review*, vol. D64, p. 043511 (2001)。

2. 请参见A. D. Sakharov, *Alarm and Hope*, (Knopf, New York, 1978)。

3. 请参见G. F. R. Ellis and G. B. Brundrit, “Life in the infinite universe”, *Quarterly Journal of the Royal Astronomical Society*, vol. 20, p. 37 (1979)。

4. 更多关于多世界诠释的深入探讨，请参见由David Deutsch所著的*The Fabric of Reality* (Penguin, New York, 1997)。

5. 请参见G. Edelman, *Bright Air, Brilliant Fire: On the Matter of the Mind* (Penguin, New York, 1992, p.216).

6. 英文原文为“shut up and calculate”，这种说法由David Mermin提出，请参见*Physics Today*, April 1989, p.9.

7. 引自克林顿总统于1998年8月17日面对大陪审团的证词。

8. 下图为一个为了避免永恒暴胀而设计的能量函数的形貌示意图。与图

6.4相比，表示永恒暴胀的平坦山顶不复存在，取而代之的是一个陡峭的尖峰。同时，山坡依然保持平缓的坡度，否则暴胀将完全消失。但是这样的形貌不太可能由粒子物理学所导致，因此在迄今为止的所有模型中，暴胀都是永恒的。

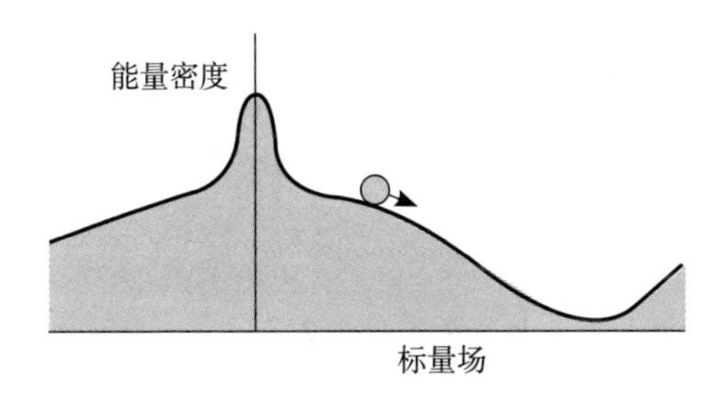

9. 我与哲学家乔舒亚·诺比以及我在塔夫茨大学的同事肯·奥卢姆共同撰写了论文“Philosophical implications of inflationary cosmology”，发表于*The British Journal of the Philosophy of Science*的2006年3月刊，其中探讨了这个新的世界观的一些伦理内涵。

第12章

1. 20世纪90年代末，才有了第一次令人信服的电磁真空涨落测量，而早在几十年前，荷兰物理学家亨德里克·卡西米尔（Hendrik Casimir）就已经提出了相关的实验设想。两块金属板彼此平行地被放置于真空中，电磁振荡在金属中会受到抑制，因此两块板之间的空间中的真空涨落会减少。因此，金属板外表面由于电磁场涨落而产生的压力会大于内侧的压力，从而产生一个将金属板相互推近的合力。这个力非常小，而且随着板间距的增加而迅速衰减。此次测量中两块金属板相距1微米。

2. 这正是具有特殊对称性（即所谓的超对称）的粒子物理理论中出现的情况。在这种理论中，玻色子和费米子成对出现，因此每个玻色子都会有一个费米子“伙伴”，反之亦然。每对粒子的质量彼此相同，而且玻色子和费米子的真空能正好完全相互抵消。因此，真空的总能量密度为零。

这会是一个解决宇宙学常数问题的巧妙方法，但问题是，我们的世界绝对不是超对称的，否则我们将会在粒子加速器实验中看到大量电子、夸克和光子的超对称伙伴。而到目前为止，这些伙伴都没有被观测到。此外，即使在超对称的世界中，宇宙学常数只有在没有引力的情况下才会被抵消。当考虑引力时，真空能是一个绝对值很大的负数。

第13章

1. 请参见Craig J. Hogan, “Quarks, electrons and atoms in closely related universes”, in *Universe or Multiverse*, ed. By B.J. Carr (Cambridge University Press, Cambridge, 2006)。

2. 更多关于自然常数精细调节的例子请参见如下论文与书籍：Bernard J. Carr and Martin J. Rees in *Nature*, vol. 278, p. 605 (1979), *The Accidental Universe* (Cambridge University Press, Cambridge, 1982) by Paul C.W. Davies, *The Anthropic Cosmological Principle* (Oxford University Press, Oxford, 1986) by John D. Barrow and Frank J. Tipler, and *Universes* (Routledge, London, 1989) by John Leslie。较通俗的可参见马丁·里斯的*Before the Beginning: Our Universe and Others* (Addison-Wesley, Reading, 1997)及*Just Six Numbers* (Basic Books, New York, 2001)。

3. 请参见B. Carter , “Large number coincidences and the anthropic principle in cosmology”, in *Confrontation of Cosmological Theories with Observational Data*, ed. By M.S. Longair (Reidel, Boston, 1974, p. 132)。

4. 质量小于太阳质量的恒星拥有更长的寿命。然而，它们往往不稳定，其发出的突然的闪耀足以毁灭整个行星系统。因此，我们假设围绕此类恒星运动的行星不适合观测者生存。

5. 迪克在1961年提出了这个观点，以回应著名英国物理学家保罗·狄拉克那耐人寻味的假说。狄拉克被引力的微弱所吸引，它仅有电磁力的10^{40}分之一。而同时，他还注意到，可见宇宙的大小正好是质子的10^{40}倍。狄拉克认为这不可能只是单纯的巧合，这两个数字之间必定存在某种联系。然而，可见宇宙的尺度会随着时间而增加，因此它与质子大小的比例也会随之增加。狄拉克由此得出了一个结论，即引力大小必须逐渐减弱，才能使另一个10^{40}也随时间增加。

而对于这个巧合，迪克的观点给出了一种完全不同的看法。我们所观测的宇宙并不是处在任意一个年代，而是其年龄与恒星寿命相当的特定时期。迪克表明，在这个特殊的时间范围内，狄拉克所说的两个大数确实彼此接近，这不是偶然，可见宇宙之所以会这么大，是因为天体的寿命足够长，而天体的长寿又与引力作用的微弱特性息息相关，从而建立了这两个大数之间的关联。因此，在观测者存在的年代，这种巧合自然而然会得到满足，因此无须去推断引力是否减弱。随后更加精确的天文观测表明，在非常高的精度下，引力也是保持不变的。如果真的发生任何变化，也必须小于每年10^{11}分之一，这远远小于狄拉克假说的要求。

6. 请参见N. Bostrom, *Anthropic Bias* (Routeledge, New York, 2002)。

7. 请参见A. L. Macay, *A Dictionary of Scientific Quotations* (Institute of Physics Publishing, Bristol, 1991, p. 244)。

8. 此为戴维·格罗斯的观点，引自“Zillions of universes? Or did ours get lucky?” by Dennis Overbye in *The New York Times*, October 28, 2003。

9. 此为保罗·斯坦哈特的观点，请参见“Out in the cold” by Marcus Chown in *New Scientist*, June 10, 2000。

第14章

1. 末日论是一个迷人而又充满争议的话题。更多深入探讨，请参见*The End of the World* by John Leslie (Routeledge, London, 1996)与*Time Travel in Einstein's Universe* by Richard Gott (Houghton Mifflin Company, Boston, 2001)。

2. 在一个无限宇宙中，体积因子可被定义为在给定类型区域中所占据体积的占比，但是这一定义容易导致歧义。为了说明问题的本质，我们先来考虑另一个问题：整数中奇数的占比是多少？奇数与偶数在整数数列1，2，3，4，5，……中交替出现，所以你可能会想当然地认为结果一定是1/2。但是，我们也可以将所有正整数以其他方式排列，比如将它写成1，2，4，3，6，8，……。重新排列之后，数列仍然包含所有的整数，但是这一新数列中每个奇数后面跟着两个偶数，似乎奇数占比只有1/3。同样的困扰也出现在计算永恒暴胀模型的体积因子中。针对这一难题，目前已有人提出了一些有趣的思路，但问题尚未被解决。

3. 这样假设有些过于简单化了。从矮星系到巨星系，星系的大小各异，其中的恒星数量各不相同，因此观测者的数量也不同。然而，绝大多数恒星都位于像银河系这样的巨型星系中。因此，这个问题可以被简化为只考虑巨型星系，而忽略其他星系。

更严重的问题在于，物质密度以及星系的其他特征参数可能会随着生命中性常数的变化而变化。例如，如果密度扰动参数Q变大，星系形成时间就会提前，物质密度也会更高，这将使得恒星之间更容易发生近距离擦碰，导致行星轨道的破坏和生命的毁灭。这一结论由马克斯·泰格马克和马丁·里斯提出，相关论文于1998年发表于《天文学杂志》。即使发生这种擦碰时星系间的距离远到不足以影响行星，它也可能扰乱恒星系外侧的彗星群，让彗星一阵阵向内行星运动，同样会导致生命的毁灭。星系变得更加致密，还会对附近的超新星爆发产生潜在的破坏性影响，这也是一项危险因素。量化所有这些因素对宜居恒星系统密度的影响是一个具有挑战性的问题，但是并不算棘手。然而，估算结果目前只能精确到数量级，难以更进一步。

4. 请参见A. Vilenkin, “Predictions from quantum cosmology”, *Physical Review Letters*, vol. 74, p. 846 (1995)。

5. 埃夫斯塔修的方法和我的有些许不同。他假设，我们只有在现存的观测者（或者说星系）之中才是普通的，而在我的方法中包括了现在、过去和未来的所有观测者。如果我们真的是普通的，而且生活在大多数观测者都存在的时代，那么上述的两种方法将得到相似的结果，事实上也正是如此。选择观测者的参照类型通常是一个重要问题，哲学家尼克·博斯特罗姆已经就这一点做了详细的探讨。

6. 事实上，不同的Ia型超新星的爆发威力会有些许不同，这可能是由于白矮星化学成分的不同所导致的。这种变化可以通过测量超新星爆炸的持续时间来计算，爆发功率与持续时间的关系已经经过了充分的研究。

7. 多普勒频移是当电磁波源与观测者之间相对运动时所产生的电磁波频率的变化。如果你向光源靠近，那么波频就会增加，就像船与海浪反向运动时会更频繁地撞击海浪一样。当光源向观测者靠近时，也会发生同样的变化，在这里，只有光源和观测者之间的相对运动才是重要的影响因素。同样，当星系远离观测者而去时，星系发出的光的频率将会降低，即向着光谱的红端移动。

8. 请参见R. Kirshner, *The Extravagant Universe* (Princeton University Press, Princeton, 2002, p.221)。

9. 20世纪80年代，杰拉德·德·沃库勒尔提出，宇宙学常数有可能可以解决最古老恒星和宇宙之间的年龄差异问题。最近，劳伦斯·克劳斯（Lawrence Krauss）和迈克尔·特纳（Michael Turner）再次发表论文强调了这一可能性，同时还列举了宇宙学常数的其他潜在优势，论文题为“The cosmological constant is back”，发表于*General Relativity and Gravitation*, vol. 27, p. 1137 (1995)。

10. 关于精质模型的更通俗的综述，请参见*Quintessence: The Mystery of the Missing Mass* by Lawrence Krauss (Basic Books, New York, 2000).

11. 精质模型的另一个问题就是，它假设了能量函数底部平台处的能量密度为零，这相当于假设费米子和玻色子的量子涨落能量能奇迹般地相互抵消（见第12章）。

12. 我们生活在一个巨型星系的星系盘中，这可能不是一个偶然事件。星系的形成是一个层次化的过程，其中较小、较致密的物体合并形成更大、更稀薄的物体。早期的致密星系并不适宜生命生存，原因参见本章尾注3。

13. 我与豪梅·加里加、马里奥·利维奥（Mario Livio）合作的论文中解释了这种巧合，请参见“The cosmological constant and the time of its dominance”，发表于*Physical Review*, vol. D61, p. 023503 (2000)。悉尼·布卢德曼（Sidney Bludman）也独立提出了同样的想法，发表于*Nuclear Physics*, vol. A663, p. 865 (2000)。

第15章

1. 请参见Nigel Calder, *The Key to the Universe* (Penguin Books, New York, 1977), p. 69。

2. 在20世纪七八十年代，物理学家们试图在所谓的大统一理论框架内对粒子及其相互作用进行更统一的描述。哈佛大学的霍华德·乔吉（Howard Georgi）和谢尔登·格拉肖提出了首个此类模型，他们表明，整个标准模型，包括其中强相互作用和电弱相互作用的各自的对称性，都能以优美的方式被纳入一个单一的、范围更大的对称理论中。此外，这种模型对强、弱、电磁三种相互作用进行了统一的描述。大统一理论是一个非常引人入胜的想法，而且大多数物理学家确信，这将是终极理论的一部分。但是大统一理论继承了标准模型的大多数缺点，尤其是，它们需要更多的可调参数，而且仍然没有将引力统一进来。

3. 围绕是否存在终极的自然理论而展开的大范围争论请参见*Dreams of a Final Theory* by Steven Weinberg (Vintage, New York, 1994)。

4. 关于弦论的一个有趣的观测发现来自宇宙学。在暴胀结束时，高能量过程会形成天文数字般巨大的弦，它们与“普通”的宇宙弦（见第6章）一样可被观测到。弦本身并不发光，因此无法直接被看到，但它们可以通过引力效应现形。从一条长弦后的遥远星系发出的光，在经过弦附近时，会在引力作用下发生弯曲，因此我们能看到从弦两侧通过的光线形成的两个星系的像。振荡的闭合弦是引力波的强力发射源，现有的以及将来的引力波探测器将大力搜寻其特征信号。

5. 哈佛大学的尼马·阿尔卡尼–哈米德、纽约大学的吉亚·德瓦利和斯坦福大学的萨瓦斯·季莫普洛斯的最新研究成果表明，紧化的维度可能比物理学家之前设想的要大得多。在这种情况下，振动闭合弦的尺寸也显著增加了。下一代粒子加速器的性能将更加强大，应该足以揭示粒子们的弦特性。

6. 关于这一理念的更有力的表述，以及弦论的具体细节，请参见由布赖恩·格林所著的《宇宙的琴弦》（*The Elegant Universe*）一书。

7. 在膜存在的情况下，弦可以像前文描述的那样呈闭合的环状，也可以是末端与膜相连的开放结构，这种开放弦可以沿着膜运动，但是永远无法离开膜。膜在所谓的“膜世界”宇宙模型中起着核心作用，该模型假设我们生活在一个漂浮于更高维空间中的三维膜上，像电子和夸克这样我们熟知的粒子均可用开放弦来表示，它们的末端连接在我们的膜上。

8. 膨胀着的真空泡的时空结构与第10章中描述的宇宙岛类似。从外部看，真空泡是有限的，但是从内部看，每个真空泡都是一个自成一体的无限宇宙。含有真空泡和宇宙岛的永恒暴胀的设想由理查德·戈特在1982年提出，随后在1983年，保罗·斯坦哈特为它赋予了一个更具现实意义的模型。

9. 请参见Davide Castelvecchi, “The growth of inflation”, *Free Republic*, December 2004。

10. 请参见Interview by John Brockman, *Edge*, 2003。

11. 来源同上。

第16章

1. 有关古代神话与科学宇宙学之间的有趣的相似之处，请参见Marcelo Gleiser所著的*The Dancing Universe: From Creation Myths to the Big Bang* (Dutton, New York, 1997).

2. A. Jinasena, *Mahapurana*, in A. T. Embree, ed., *Sources of Indian Tradition* (Columbia University Press, New York, 1988)

3. 这样的批判同样适用于混沌暴胀理论所描述的、宇宙从一片混沌中诞生的想法。蒂莫西·费里斯在他的著作*The Whole Shebang* (Simon & Schuster, New York, 1997)中也通过一个笑话表达了这一点，一位无神论者声称世界从混沌中诞生，但是另一位信徒反问道："那么又是谁创造了混沌呢？"

4. A. K. Coomaraswamy, Dances of Shiva (Farrar, Straux and Giroux, New York, 1957).

5. 为了实现这一方案，斯坦哈特和图罗克引入了一个标量场，以及一个经过精心设计的能量函数。宇宙学家们通常对这一模型持怀疑态度，因为其中的能量函数形貌看起来相当不自然。此外，在模型中至关重要的真空能量密度的取值仅仅依靠手动输入，对于它为什么这么小、为什么在星系形成的时代主导了宇宙等关键问题没有任何解释。

6. 通过过去或者未来的特定历史的持续时间是有限的这一事实来证明时空的不完整性，这一方法可以追溯到霍金和彭罗斯在20世纪六七十年代的工作。

7. 避免导致这种结局的一个方法就是，假设膨胀速率会随着时间倒流而越变越小，这样宇宙就会在无限的过去保持静止不变。这个想法由乔治·埃利斯及其同事在2004年提出。他们假设宇宙在诞生初期是一个静态的世界，如爱因斯坦一开始描述的那样。然而，这一设想的问题在于，爱因斯坦的宇宙是不稳定的，不能无限期地存在（见第2章的尾注2）。

8. 另一项避免宇宙开端的有趣尝试请参见普林斯顿大学的理查德·戈特和李立新发表于1998年的论文Can the universe create itself?, *Physical Review D*, vol. 58, p. 023501。戈特和李立新认为，当一个人的时间倒流时，他就会陷入时间循环，一遍又一遍地经历同样的事件。理论上，爱因斯坦的广义相对论确实允许存在时间上的闭合循环，具体可参见理查德·戈特的著作*Time Travel in Einstein's Universe*。然而，正如戈特和李自己指出的那样，不仅历史进程会形成闭合循环，他们所设想的时空中也必然包含一些不完整的历程，比如文中所讨论的太空旅行者的历史。这就意味着时空本身拥有一个不完整的过去，也因此不能为无开端的宇宙提供一个令人满意的模型。

9. 请参见A. Borde, A. H. Guth and A. Vilenkin, "Inflationary spacetimes are not past-complete", *Physical Review Letters*, vol. 90, p. 151301 (2003)。

10. 请参见E. A. Milne, *Modern Cosmology and the Christian Idea of God*, Clarendon, Oxford (1952)。

11. 请参见教皇庇护十二世于1951年11月对梵蒂冈教皇科学院的讲话。英文版本由P. J. Mc Laughlin翻译，请参见*The Church and Modern Science*, Philosophical Library, New York (1957)。然而并不是所有的神职人员都认同教皇的热情，特别是身兼天主教牧师与著名宇宙学家两种身份的乔治·勒梅特，他认为宗教应该保持在纯粹的精神世界范畴之内，而把物质世界留给科学。勒梅特甚至努力说服教皇，不要再为大爆炸理论背书，而在后来的年月中，教皇似乎重新思考了自己的言论，庇护十二世及其继任者们再也没有尝试用科学来直接验证宗教理论。

12. 请参见C. F. von Weizsacker, *The Relevance of Science* (Harper and Row, New York, 1964).

第17章

1. 请参见A. Vilenkin, "Creation of universes from nothing", *Physics Letters*, vol. 117B, p.25 (1982)。后来我了解到，苏联国立莫斯科大学的列昂尼德·格里丘克和雅科夫·泽尔多维奇已于一年前讨论了宇宙从无到有自发成核的可能性，然而他们并没有为这一成核过程提供任何数学描述。

2. 故事来自1985年10月我在纽约访问爱德华·特赖恩时与他的对话。

3. 大约在同一时期，乌克兰基辅理论物理研究所的彼得·福明提出了一个与特赖恩非常相似的想法。事实上，特赖恩并没有清楚阐明如图17.3中所示的步骤顺序，这一系列步骤首次出现在福明的论文中。但不幸的是，福明找不到任何一家愿意发表他的论文的期刊，这项研究最终于1975年发表在一本不知名的乌克兰物理学期刊上。

4. 请参见E. P. Tryon, “Is the universe a vacuum fluctuation?”, *Nature*, vol. 246, p.396 (1973)。

5. 在20世纪70年代末与80年代初，有人试图发展量子从真空中产生的数学模型。1978年，布鲁塞尔大学的罗伯特·布鲁、弗朗索瓦·恩格勒和埃德加·冈齐格提出，质量为质子质量10^{20}倍的超重粒子可以在真空中自发产生，这种粒子会使空间弯曲，而增长的空间曲率又会进一步引发粒子生成。像一个膨胀的气泡那样，这一过程将扩展到越来越大的区域。在宇宙泡内部，重粒子将迅速衰变为轻粒子与辐射，形成一个充满物质的膨胀的宇宙。这个模型与特赖恩的理论具有同样的问题：它们都没有真正解释宇宙的起源。如果空无一物的平直空间这么不稳定，那么它将迅速地被膨胀的宇宙泡填满。这样一个不稳定的空间不可能永远存在，也因此不能作为创世的起点。

1982年，洛克菲勒大学的戴维·阿特卡茨（David Atkatz）和海因茨·帕格尔斯（Heinz Pagels）发表了一篇论文，提出在大爆炸之前，宇宙以一个小的球形空间的形式存在，其中包裹着奇异的高能物质，这就是一种所谓的“宇宙蛋”。他们设计了一种模型，使得宇宙蛋在经典力学中是稳定的，但是可以隧穿到更大的半径，并在之后膨胀。据我所知，这是第一次关于宇宙整体量子隧穿的讨论。但是同样的问题再次出现，不稳定的宇宙蛋不会永远存在，而我们还是不知道这个宇宙蛋从何而来。

6. 请参见A. H. Guth, The Inflationary Universe (Addison-Wesley, Reading, 1997, p.273)。

7. 请参见St. Augustine, *Confessions*, Sheed and Ward, NY, 1948。

8. 请参见A. Vilenkin, “Quantum origin of the universe”, *Nuclear Physics*, vol. B252, p. 141 (1985)。

9. 该集合中的所有宇宙必须真实存在，而不能仅仅只有存在的可能性。非常感谢埃尔南·麦克马林（Ernan Mucmullin）向我强调了这一点。

10. 请参见J. B. Hartle and S. W. Hawking, “The wave function of the universe”, *Physical Review*, vol. D28, p.2960 (1983)。在此之前一年，霍金就概述了这项研究工作的基本思路，请参见*Astrophysical Cosmology: Proceedings of the Study Week on Cosmology and Fundamental Physics*, edited by H. A. Bruck, G. V. Coyne,

and M. S. Longair (Pontifica Academia, Vatican, 1982)，但是在那时，他尚未能提供任何数学细节。

11. 关于无边宇宙的第一手描述请参见霍金的畅销书《时间简史》(*A Brief History of Time* (Bantam, New York, 1988, p.136))。

12. 需要注意的是，弦论景观可能由数个不连通的区域组成，其中一个区域的宇宙泡不可能在另一个区域中成核。在永恒暴胀过程中形成的宇宙泡们将只包含特定真空，这种真空与宇宙诞生时充满整个宇宙的初始真空同属一个区域内。在这种情况下，多元宇宙的本质确实取决于其初始状态，而从原则上来说，相关的量子宇宙学理论是可能的。

第 18 章

1. 马丁 · 里斯和唐 · 佩奇等人研究了遥远未来宇宙中的物理过程。更通俗的综述请参见由Paul Davies所著的*The last three minutes: conjectures about the ultimate fate of the universe* (Basic Books, New York, 1994)一书。

2. 请参见K. Nagamine and A. Loeb, “Future evolution of nearby large-scale structure in a universe dominated by a cosmological constant”, *New Astronomy*, vol. 8, p. 439 (2003)。

3. 我与豪梅 · 加里加合著的论文中预测了本区域的宇宙将会收缩，直至造成大挤压的结局，论文题为Testable anthropic predictions for dark energy，发表于*Physical Review*, vol. D67, p. 043503 (2003)。然而，我们也指出，这一预测不可能很快得到验证。

第 19 章

1. 请参见Alan L. Mackay, *A Dictionary of Scientific Quotations*, Institute of Physics Publishing, Bristol, 1991。

2. 一个无限集合比其中的成员要简单得多，这种情况在数学上很常见。例如，考虑所有整数的集合：1，2，3，……它可以由一个简单的计算机程序生成，只需要几行代码而已。另一方面，某些大整数的位数可以与在二进制代码中写入它所需的位数相当，甚至可以大得多。

3. 请参见P. A. M. Dirac, “The evolution of the physicist’s picture of nature”,

Scientific American, May 1963。

4. 关于科学理论之美的有趣讨论，请参见*The Accelerating Universe: Infinite Expansion, the Cosmological Constant, and the Beauty of the Cosmos* by Mario Livio (Wiley, New York, 2000)。

5. 不用说，不管是“简洁”还是“深度”，都和“美”一样难以定义。

6. 请参见M. Tegmark, “Parallel universes”, *Scientific American*, May 2003。

7. 泰格马克没有对数学结构和它们所描述的宇宙进行区分，他认为数学公式描述了物理世界的方方面面，因此每一个物理客体都将对应于数学结构的柏拉图理念世界中的某个实体，反之亦然。从这个意义上说，这两个世界是等价的。泰格马克认为，我们的宇宙就是一个数学结构。

8. 为了解决这个问题，泰格马克提出，数学结构之间可能并不完全平等，它们会被分配不同的“权重”。如果权重随着复杂度的增加而迅速降低，那么最有可能存在的结构就将是可以包含观测者的最简单的结构。引入权重可以解决复杂度的问题，但是我们又将面临一个新的问题，那就是权重是由谁决定的。我们要召回造物主，还是应该进一步扩大集合的内容，将所有可能的权重分配也包括在内呢？我不确定所有的数学结构中“权重”的概念是否都保持了逻辑上的一致性：这看起来是引入了一个新的数学结构，但是所有这些本来应该已经被包括在集合中。

9. 根据基本理论，自然常数在宇宙岛内部同样也不尽相同。对于我们自己这个宇宙岛来说，其中大部分地方都是荒芜贫瘠的，只有极其罕见的一些飞地适宜生存。